Third Millennium Thinking

Creating Sense in a World of Nonsense

三禧思維

亂世解決問題、活得更好的科學思考工具！

索爾．珀爾馬特 Saul Perlmutter　約翰．坎貝爾 John Campbell　羅伯．麥考恩 Robert MacCoun——著

賴盈滿——譯

各界推薦

這本書是清晰思考的典範，深入探討如何運用邏輯與證據來解決最棘手的問題。這或許正是解決我們困境的良方。——哈佛教授凱斯．桑思汀，《雜訊》作者

在充滿不確定性和兩極化拉鋸的世界，這本書來得正是時候！諾貝爾物理學獎得主、有影響力的哲學家和法律心理學家合力揭示了如何運用科學工具，讓我們在日常生活中做出更聰明的判斷和更明智的決策。

——亞當．格蘭特，《逆思維》作者

若想了解如何在資訊爆量的複雜世界中活得更好，這本書非常適合你！作者寫得清晰又深具啓發性，強調出科學中的思考方式能提供許多有用的工具，幫助我們做出更好的個人和集體決策。這是一本很有價值的書，能幫助我們應對當前人類和地球面臨的挑戰。

——諾貝爾獎得主伊麗莎白．布雷克本，《端粒效應》共同作者

一位物理學家、一位哲學家和一位心理學家走進一本書，調和出一杯誘人的雞尾酒，探討了如何思考大問題，並在這個充斥著過多、複雜且矛盾資訊的第三千禧年做出高效決策。如果你不是專家，卻需要做出專業判斷，這本是必讀之書！

——密西根大學心理學教授大衛．鄧寧，鄧寧—克魯格效應（Dunning-Kruger Effect）的發現者

如果人類這個物種要在未來一千年繼續生存下去，就必須更清晰地反思我們的思考方式，更睿智地進行具有重大影響力的辯論。本書以極為清晰的方式，為未來的思考指引了一條明路。

——菲利普．泰特洛克，《超級預測》作者

《三禧思維》為如何在日益複雜且喧囂的世界中做出更有效的決策，提供了具體指引。如果你只能讀一本關於如何更清晰地思考的書，就選這本。

——安妮．杜克，《高勝算決策》作者

本書至關重要，作者提供了有價值的工具，幫助我們理解這個複雜且令人困惑的時代。

——《柯克斯書評》

給我們的孩子，
願世上的人能齊心愼思，
共同面對第三個千禧年的挑戰——與機會。

在這個資訊氾濫的時代，不論個人或社會，我們該如何自處才能過得更好，避開不知所措與心理陷阱，從無意義的訊息裡篩出有意義的內容？如何跟詮釋事物的角度或價值觀與我們不同的人合作，一起做出決定、解決問題？爲了在第三個千禧年生存與發達，我們需要「三禧思維」。

我們不必是專精火箭甚至任何領域的科學家，也能學會或使用這些工具。我們缺的只是一個好翻譯，淺顯易懂、清楚扼要地解釋科學方法，並說明這些方法在日常生活的實際用途，藉由思想實驗讓你有所啓發，透過生活實例讓你有感。

第一部——掌握實在　023

目前幾乎所有議題，只要你感興趣，都能取得令人眼花撩亂的超量資訊。
但當議題需要專業知識，而你想找最可靠的資訊，這時該如何開始？
要相信誰？爲何應該相信這群專家，而不是另外一群？
讓科學文化和科學工具指引我們做決定吧。
學會這些技巧，可以評估眼前資訊是否誠實、能否讓我們更接近眞相，
抑或只是一些加油添醋、迎合我們偏見的故事，
還能讓我們區別專業知識與僞專家。

第一章　決定、決定、決定　025
第二章　器具與實在　040
第三章　讓事情發生　063

第二部——理解不確定性　083

科學工具箱裡的機率思考，是你的第一種超能力，
善用機率思考，人人都能在充滿不確定的世界獲取最大好處！

第三部——事在人爲的進取精神　185

幸運的話，你還會擁有第二種超能力：

科學面對重大、複雜、需要長時間才能解決的問題時，所採取的「事在人爲的進取精神」。

本書將提供獨門絕招，讓這種事在人爲從態度變爲現實。

第四部——當心落差 215

有了科學思考工具，又該如何在事實與資料對上價值、恐懼及目的時，做出更棘手的決定？檢視我們單獨思考容易出錯的各種情況，並學習相關技巧來避開這些心理陷阱。這些技巧當初是爲了科學而發展出來的，但對所有人都有用。

第十二章　爲何從經驗學習那麼難　217

第十三章　科學出差錯　235

第十四章　確認偏誤與盲分析　260

第五部——齊心協力 279

深入探討當前最大的難題：在我們學到的三禧思維裡，哪些能協助我們和他人，也就是我們的伴侶、團隊、社會或世界，在顧及人性情感的同時，共同匯集最大的理性，解決我們所面對的問題？

引言

過去幾十年，生活在網路世界的我們，接觸到的資訊簡直不可勝數。不論某個身體狀況有哪些治療方式、如何建造太陽能發電機或馬爾他的政治史，只要點擊一個連結，立刻就能深入我們好奇的所有事。但有時資訊太多，導致我們不曉得從何挑選和評估起。社會科學資料庫 ProQuest 就誇稱他們「內容愈來愈豐富，目前共有……六十億個網頁，橫跨六個世紀」，而且這還只是老派的、印成白紙黑字的資訊！網站時光機（Internet Archive's Wayback Machine）記錄了一九九六年以來的網站和其他數位文物，內容包括近一兆頁數位內容、幾千萬本書與音檔，以及近一百萬個軟體程式。

我們愈來愈常有這種感覺，不曉得哪些資訊值得關切，更別說在高度專業、技術性、互相矛盾、不完整、過時、偏頗或刻意造假的茫茫資訊裡，如何分辨出真的能讓人有所洞察與啓發的資訊了。這項藥物研究是由藥廠資助的嗎？那些號稱眞實的產品評論都是 A I 系統編出來的嗎？這篇文章到底在講什麼？而在解釋資訊時，哪些專家意見值得信賴也愈來愈不容易判斷。自稱專業的人一大堆，**你**喜歡的專家未必是**我**贊同的專家。專家可能意見不一，或別有用心，或受限於視角狹隘，不了解眞實世界與「實際生活」。我們如何找到可以放心信賴的專家？

不論個人、團體或社會，我們都必須正確掌握現實，才能做出明智的決定、採取有意義的行動或解決問題。但當現實不易辨明，不曉得哪些專家值得信賴、有助於澄清問題，我們就會另謀他策，例如「憑直覺」做判斷，先決定自己「相信」什麼，再找證據支持自己的看法，或跟隨認識的人選擇立場，甚至貶低和我們意見不同的人來讓自己心安。我們選擇相信說話順我們耳朵的專家，不相信提供或傳遞的資訊令我們不知所措的人，就算對方是科學家、學者、記者、社群領袖、政策制定者或專家都一樣。這些因應之道或許在生活與職場上很有用，卻無法幫助我們看清事實，做出好決定，甚至可能帶來嚴重的社會與政治危害。

在這個資訊氾濫的時代，不論個人或社會，我們該如何自處才能過得更好？才能避開不知所措與心理陷阱，從無意義的訊息裡篩出有意義的內容？才能跟詮釋事物的角度或價值觀與我們不同的人合作，一起做出決定、解決問題？

我們三個，一位是物理學家（珀爾馬特）、一位是哲學家（坎貝爾），還有一位是心理學家（麥考恩），三人密切合作了將近十年，幫助學生在這個「資訊量過多」的時代學習思考大問題，做出有效決策。我們二〇一一年開始合作，主要是因爲不思考、泛政治化決策的趨勢愈演愈烈，例如那年夏天，美國爭論提高國家舉債上限的問題，簡直像是宗教對立，而非討論一個簡單、實際、甚至可以測試的問題，也就是哪一種做法最能改善國家的經濟處境。當時大多數論證，不論支持或反對，都顯露出對於最基本的科學思想原則的無視或無知。我們不禁開始思考，能否描繪出一套原則，甚至教導這些原則，讓人可以更清楚地思考、更理性地辯論、更有成效地一起做出決策。

結果，我們在美國加州大學柏克萊分校的「大構想（Big Ideas）」學程裡開設了一門團體執教的跨領域課程，傳授學生自然和社會科學家理解世界所用的一切概念、工具與方法。我們還設計了一門課程，讓學生體會這些方法對每個人的日常生活、個人或團隊工作多麼有用，可以幫助我們做出理性決策，解決我們面對的各種疑難雜症。我們很開心，這門課既受歡迎又成功，被愈來愈多大學教授沿用與借鑑[1]。上過課的學生似乎學會了重新思考世界，興奮擁有新方法幫他們做出個人決定或面對社會問題。他們比以前更懂得如何研究問題、評估資訊與專業意見、和別人或社會合作。他們的喜悅令我們大受鼓舞，開始思考有沒有方法將這些概念與工具分享出去，讓教室以外的更多學生與大眾（不分男女老幼）知道這套新的思考方法與合作模式。

我們很憂心，社會正一步步失去方向，導致許多人受苦、錯失良機，原因就只是現在可取得的資訊太多、太複雜，卻沒有工具來辨明這些往往互相矛盾的資訊。一旦無法確定哪些事實和問題相關，或是當問題需要集體或政治解決，我們卻連事實爲何都各說各話，務實解決問題就會陷入僵局。人類可以搞定科學，讓火箭上月球，但面對不確定性和相互衝突的觀點卻不總是知道如何是好，以便在關鍵時刻做出簡單合理的決斷。

我們是怎麼**做到**登陸月球的？身爲會思考的物種，我們幾百年來是如何憑藉自身努力，一點一滴讓愈來愈多人不再挨餓、活得更長？又是如何讓大多數人獲得神奇的通訊能力，可以取得近乎無限的資訊？我們既然有本事做到這一切，爲何無法用它來解決目前的全球問題，像是傳染病、氣候變遷和貧窮等等？爲何不知如何發揮過去如此管用的知識工具？

原因部分出在科學本身經常就是麻煩所在，給出的資訊太技術、太艱澀、太常彼此出入或相互矛盾，讓民眾一頭霧水、不知所措，甚至聽了就火。近年來，社會對科學的信任愈來愈弱[2]。有些科學成就引發許多科學無法滿足的不實期待，還有些科學成就則是對社會、政治或環境帶來不良的副作用。因爲這些發展和其他理由，科學已經成爲政治討論極化的象徵。簡單來說，隨著科學愈來愈難懂，有時還帶來不想要的副作用，或受到政治上黨同伐異的攻擊，許多人不僅對科學家失去信任，甚至連「科學」都不再相信[3]。

然而，面對人類曾經提出來、最讓人無從下手的問題，科學卻往往能提出洞見，甚至解答，而且紀錄輝煌。數千年來，科學替我們解開了許多謎團、解決了許多問題，讓我們活得更好。這種求知精神從人類誕生之初就已存在，經過數百年鍛鍊，幫助我們在令人困惑的世界裡對迭有出入的資訊做判斷，辨別自己知道什麼、不知道什麼。一路走來，科學家從成功和錯誤、突破與失敗中都學到了經驗，持續改善處理新議題的方法與解決新問題的工具。

工具裡有些是實體，例如六分儀、超級對撞機和量子電腦之類的測量工具與儀器，但其餘都是思考工具，包括心智習慣、規則、方法、程序、標準、觀念、原則與立場。這些思考工具就像心智「黑科技」，讓科學家身處多語言、多文化的世界，也能更有效工作、更有機會成功、產出更可靠的結果。

這些工具爲我們設下參數，協助我們評估資訊，辨別什麼是我們相信的，什麼是我們知道的事物。它們促使我們修正自己的盲點、偏誤與限制，就算問題似乎無法解決也不要放棄。它們還反映了人類數百年來的智慧，凸顯了合作的根本價値，甚至必要性，尤其是和看法不同的人合作。儘管科學依然包含大量嘗試錯誤，卻無須每次都從頭開始，至少可以避免犯下昨天犯的一些錯誤。

長久以來，這些工具一直指引著科學家，但其中許多在別的領域卻不常用。我們認爲這些工具不僅可以用在其他領域，也應該這樣做。我們相信這些工具用途可以更廣泛，在更多場合、更多事上幫助我們，不論評估資訊、衡量專業意見、面對未知做決定或解決問題，對象從個人、群體到全球都不例外。事實上，我們認爲，讓更多人認識這些工具、更會用這些工具，對未來幾年、幾百年的人類與地球福祉至關重要。爲了在第三個千禧年生存與發達，我們需要三禧思維（Third Millennium Thinking），也就是第三千禧年的思考妙方。

我們今日面臨的許多挑戰，不論個人、專業或政治方面，從醫療問題、商業決策到社會與環境政策，都涉及高度專精的科學資訊。本書將說明這些資訊意味什麼、不意味什麼，哪些情感、道德、哲學或性靈上的問題科技資訊可以回答、哪些無法回答。但不論我們想搞懂的資訊或想解決的問題「科學」與否，書裡介紹的框架一概可用。不僅如此，這套框架還提供一個可以用在日常生活的視角，幫助我們人類在複雜多變的世界與其他人互動。爲了讀研究所而背學貸是好選擇嗎？我該參加胰臟癌新療法的臨床試驗嗎？我的小孩有學習障礙，什麼改善方法最有效？我們村裡應該允許使用除草劑來消滅入侵的水草嗎？我們學校應該動用設備預算裝設太陽能板嗎？我們國家該如何監管自動駕駛車？

面對這些複雜的問題，科學提供的關鍵工具可以協助我們做判斷與決定。我們不必是專精火箭甚至任何領域的科學家，也能學會或使用這些工具。我們缺的只是一個好翻譯，淺顯易懂、清楚扼要地解釋科學方法，並說明這些方法在日常生活的實際用途。這就是我們撰寫本書的用意。爲此，我們匯集了三位作者大不相同的專業領域：

坎貝爾用哲學告訴我們，我們今日面對的問題與擔憂過去是如何處理的，現在又如何改頭換面，以新的形式出現在我們眼前。他還會介紹非科學家告訴他的許多觀點，讓我們明白人們如何閱讀和看待報上的科學研究。他有很多很棒的故事可以分享！只可惜讀者聽不到他迷人的蘇格蘭口音。麥考恩提供社會心理學家看待人類行爲的分析視角。他在公共政策與法律方面的經驗，則讓他除了專業知識之外，還擁有許多生活中眞實的群體決策案例。麥考恩曾協助不少政策制定者做決定，例如廢除美軍針對官兵性取向的「不問不說」政策，以及加州、華盛頓和佛蒙特州大麻合法化等等，因此也有一大堆故事可說。珀爾馬特和各式各樣領域的科學家共事過，遠到宇宙膨脹，近到氣候測量與醫療用感測器，他都有經驗。他一直努力讓科學這個往往感覺如外星般的世界變得更可親，分享科學家覺得自己到底在做些什麼，好讓非科學家發現自己平常也在做一樣的事。我們三人一起用有趣的方式，向各位讀者介紹科學思考的要素，希望藉由思想實驗讓你有所啓發，透過生活實例讓你有感。

本書第一部將介紹科學文化與科學工具，闡述科學文化和科學工具如何讓我們相信這套關於現實世界的共享知識，又如何指引我們做決定。第二部將介紹科學工具箱裡的機率思考。機率思考是一種潛藏的超能力，人人都能用它在充滿不確定的世界獲取最大好處。第三部介紹科學面對重大、複雜、需要長時間才能解決的問題時，所採取的「事在人爲的進取精神」。幸運的話，這是第二種超能力，而且我們還會提供獨門絕招，讓這種事在人爲從態度變爲現實。

有了這些科學思考工具，我們的介紹將來個急轉彎，介紹另一項同樣艱鉅的任務：如何在事實與資料對上價值、恐懼及目的時，做出更棘手的決定。本書第四部將檢視我們單獨思考容易出錯的各種情況，並介紹一些全新和不算新的技巧，讓我們避開這些心理陷阱。這些技巧當初是爲了科學而發展出來的，但對所有人都有用。最後，第五部將探討可能是當前最大的一個難題：在我們學到的想法裡，哪些能協助我們和他人——我們的伴侶、團隊、社會或世界——在顧及人性情感的同時，共同匯集最大的理性，解決我們所面對的問題？

對人類集體未來而言，相信我們有辦法想出更多這類務實又有原則可循的方法，幫助我們齊心合作，或許是最重要的關鍵。今日，我們面對可能帶來浩劫的氣候變遷、蔓延全球的疫病威脅與失控的貧富差距；而在解決這些生死存亡問題的同時，我們可能還會遇上其他挑戰，地球可能被巨大的小行星撞上，巨型火山噴出的火山灰可能讓空中交通大亂，全球作物歉收，然後枯死。但只要協力同心，甚至只要偶爾充分發揮三禧思維的威力，眼前的威脅與未來可能發生的浩劫將不再那麼可怕。只要攜手合作，我們就能解決大問題！

最後說一下書名。我們發明「三禧思維」一詞，目的是想用一個最好玩又有氣勢的稱號，來描述我們在二〇〇一年起的第三個千禧年見到的特別有用的一套想法與方法。這套想法與方法來自各個領域與傳統，而且不斷改進，但目前的版本主要源自於科學思考。有些讀者或許已經熟知其中不少想法，但我們還是先不這樣假定，而是在隨後的章節裡完整介紹每個想法（但你如果想跳過已經知道的內容，我們非常歡迎）。

我們將這些想法集中在一本書裡呈現，目的在證明這些想法結合起來，已經爲所有人在這個複雜的世界裡開出一條明路。我們還認爲這些想法平常就很有用，不論有什麼資訊要判斷、什麼決定要做、什麼事要計畫或一起合作，也不論個人、家長、家族、群體或組織，統統用得上。不僅如此，我們更加相信，我們自己的未來就繫於教會其他人這些想法，因爲就連我們自己，偶爾也難免犯下當初激發出這些想法的那些錯誤。也許我們在學校教導那些錯誤時，稍微比較有辦法避開它們，但是做研究時，我們總是仰賴其他研究人員強大全面的科學精神。他們受過科學訓練，善於辨別這些缺點和心理陷阱。我們一起努力確保彼此誠實。至於研究工作以外的所有問題，我們就靠各位了；希望各位能從這本書裡學到如何替我們留意，也幫彼此當心。

過去幾年，我們三人都察覺社會極化到了驚人的程度，而且這種極化竟然與我們社會如何看待科學及科學專業的角度往往大有問題有關。如果希望找到切實可行的共同計畫與共識，一同推動社會前進，就得學會接受我們思考可能出錯，並且需要反對意見來幫我們看出錯誤所在。第二千禧年結束之前，許多人開始對科學進展感到幻滅，甚至出現抵制。我們需要了解其根源，並嘗試修補。

我們不可能單靠一本書或一種方法彌補裂痕，極化分歧也不會徹底消失，但我們終究必須開始嘗試。而我們相信，科學文化是比較有希望的起點：**只要**我們開始借用科學工具、科學觀念及科學程序，開始在腦中展開第三千禧年的思維轉變。

第一部

掌握實在

第一章
決定、決定、決定

假設你和朋友去郊外健行，忽然感覺胸口很悶，隨即昏了過去。等你醒來，發現自己躺在醫院。院裡只有兩名年輕實習醫師值班，正盯著電腦斷層掃描看。你聽見他們低聲交談，得知自己心臟出事了，狀況可能有兩個，問題是他們無法判斷是哪一個。如果是狀況一，就立刻得動心臟手術，把你身體劃開，才能在接下來幾個小時保你一命，然而，出現併發症的風險很大，有些可能致命，但不動手術你肯定活不下去。狀況二可能性和狀況一一樣高，但你眼前就只需要吃藥，撐個兩、三天，讓醫師有足夠時間做更多檢查與監測。但要是實際病因是狀況一，那麼光是吃藥，你必死無疑。

這時，兩位實習醫師發現你已經醒了，便問你決定怎麼做。「我哪知道！」你說：「我現在什麼都做不了，救救我。」他們商量片刻，然後給了你兩種做決定的方法。第一種方法，他們知道你很相信民主，因此可以採取民主決，讓所有鎮民表決，從泊車小弟、一般鎮民到鎮議員都有一票。或者，他們接著說，你可以讓最有知識和經驗的醫師做決定。

每當面對生死攸關的重大決定，而我們不是專家或根本不知道如何回答，通常得做的第一個選擇，就是找誰問想法或資訊最能幫我們做決定。有許多大事，參考多數人的意見很重要，像是選擇民意代表、大麻合法化或允許某片土地興建風電場。但前述的假想情況，我們很難想像會有很多人說要參考多數人意見。眞正重要的是做出好決定，而徵詢幾位好醫師往往比投票更能讓你做出恰當的選擇。

不是所有人都對事事一樣了解。有些人比較懂歷史，有些人比較懂汽車，還有些人比較懂醫療。假如知識就是力量，拒絕專家知識只會讓自己變弱。我們應該聽從專家，其中一個理由就是這樣做能讓我們有機會實現想做的事。

然而，尋求專業意見會帶來三個難題：首先，假如我們一無所知，那要如何知道自己需要什麼知識、誰又是可靠的專家？其次，就算找到可靠的專家，我們又該在什麼時候、如何將其他關鍵要素（個人價值觀、情緒、目標）納進來？最後，怎樣的決定才算恰當、尊重個人自主權？誰有權做出最後決定？爲什麼？讓我們逐一討論這些難題。

專家和僞專業知識

當代科學大多複雜，背後的數學模型一般人根本無法理解，需要多年訓練才能搞懂，因此有些人可能問也不問，直接聽從專家的建議或命令——「欸，你不用懂這些，照他們講的去做就好。」但也有些人覺得自己什麼都不懂，太傷自尊，於是趁機行使消極權力，拒絕聽取專家意見。

新冠肺炎期間，這種兩難特別明顯。科學家給出各種建議，「別戴口罩」「戴口罩」「接種疫苗避免感染」和「感染再打疫苗更安全」等等，但沒有幾個人理解背後原因，以及爲何建議一直在變。我們甚至連什麼是病毒，還有這些做法爲何能避免感染都說不清楚。這時「自主」似乎代表兩種選擇：要麼避開所有互相衝突的資訊，要麼在所有專家裡選出你最信賴的人。

疫情期間資訊過量且品質不一，導致我們無所適從，其實只是更大問題的縮影：目前幾乎所有議題，只要你感興趣，都能取得令人眼花撩亂的超量資訊。但當議題需要專業知識，而你想找最可靠的資訊，這時該如何開始？要相信誰？爲何應該相信這群專家，而不是另外一群？

對於需要準確資訊做判斷的實務問題，有件事特別重要，那就是消息來源要管

用。例如農業。人類從事農業非常久，大約一萬兩千年。假如你想務農，而且是種玉米，你有不少方法可以找出最佳時機。你可以聽大法師的話，或自稱可以從星星裡看出徵兆的人，告訴你何時應該播種。環境穩定的時候，這些做法或許很管用。宗教領袖和占星家經過數十年的調整，可能已經根據當地狀況修正了資訊。不過，科學方法靠著實驗與觀察，在這方面擁有強大的優勢。你可能找到更好的品種、更好的灌溉方式，並嘗試各種可能，看哪一種能帶來最好的結果。只是不論你對星星或宗教領袖的信仰有多堅定，當你見到別人的作物比你高出一大截，而且年年豐收，你卻青黃不接，心底那份信仰就很難堅持下去了。

科學了不起的地方，就在於它**真的管用**。科學已經進入我們日常生活的方方面面，這點幾乎不待贅言。舉凡我們服的藥、吃的食物、開的車子到用的網路，統統可以見到科學的影子，我們相信不會有太多人反對這一點。事實上，資訊氾濫到讓人無所適從的情況裡，就有一種是對科學有太多離譜的想像，例如將晶片植入疫苗或用電燈取代太陽等等。由於科學做到了太多事情，能力強大的印象太深入人心，以致對許多人來說，科學能做到平常不可能的事並非天方夜譚。

但科學靠的並非魔法，而是設計。它讓我們免受一些言而不實的誘人想法欺騙。我們很難克服天生偏誤，但科學家同樣開發了各種預防措施。這些技巧都「去人化」了，當你必須評估證據，多多少少可以不管自己的心理作用，硬是執行這些程序。這些技巧在各個科學領域都很常見，雖然名稱會隨領域而異，但不難看出是同一套技巧。假如你還沒用過這些技巧，那你應該學起來。它們是科學，但不是火箭科學。這些技巧並不難懂，不需要數學知識，卻能讓你和科學家對話，不論你是不是科學家。

就拿分子生物學家來說吧。他們雖然研究人體內某些蛋白質，卻還是看得懂發展心理學的實驗，例如兒童如何學會算術，了解背後的實驗設計邏輯。這不是因爲分子生物學會教你許多兒童如何學習的專業知識，也不一定和數學能力有關，甚至不需要複雜的數學分析，而是因爲所有科學實驗，不分哪個領域，都會遇到相同問題；而所有科學家都會出現相同的偏見，因此需要讓自己免於受影響。即使我們沒受過科學訓練，甚至沒受過太多正規的學校教育，也不難學會這些技巧。這些技巧在學術研究之外也是不可或缺。就算你面對的是非常實際的問題，例如給小孩吃什麼或是否該接種疫苗，也用得上這些技巧。

學會這些技巧，並不能代替科學家做實驗，也無法養成需要鑽研某個科學子領域多年才能養成的專業知識，但可以評估眼前資訊是否誠實、能否讓我們更接近真相，抑或只是一些加油添醋、迎合我們偏見的故事。學會這些技巧，能讓我們區別專業知識與僞專家，而這正是本書的主要目標之一，因此需要介紹科學思考的技巧與工具。

靠價值做決定

然而，除了事實，我們多數時候還得考慮其他因素。的確，有些決定你可能不需要其他事實做參考，例如卓別林好笑還是馬克思兄弟好笑、紅醬好還是青醬好。但大多數時候，你都需要事實。可是光有事實還不夠。價值、道德、恐懼與目標也經常是做決定的重要因素。

即便是醫療問題，兩個人就算知道相同資訊，也可能做出不同的治療選擇。讓我們回到你剛從病床上醒來的那個例子。你除了必須判斷檢驗結果代表什麼，還必須權衡這個情況下什麼對你最重要。每個人對風險的評估可能不一樣。你可能會想：嗯，雖然吃藥有百分之五十的機率不會有事，但也可能會死，而我不能冒這個風險，因此應該動手術。儘管可能出現併發症，但別人動過相同手術，也證實有效，不大可能會讓我喪命。但你也可能膽子比較大，會這樣對自己說：我不想承受手術和復原的痛苦，因此寧可試試運氣，冒喪命的危險選擇吃藥就好。風險有多重要其實取決於你。醫師可以告訴你風險多大，但無法幫你判斷有多重要。

比方說，小孩被診斷出癌症的父母，對這個問題的感受就特別強烈。你可能完全無法接受自己的孩子接受風險極高的根治療法，即使孩子有那麼一點機會藥到病除。你也可以堅持採用根治療法，只因無法想像孩子承受病情惡化的痛苦。只有你可以決定風險有多重要，專家無法給你建議。除了你以外，沒有人可以決定孩子死於癌症的風險是否大於孩子接受治療但副作用糾纏一生的風險。再複雜的數學公式或科學實驗，也無法告訴你該如何權衡這些因素。

這些權衡因素中，有些我們可能稱之爲「價值觀」。和科學家追求事實的做法不同，你的價值觀可能出自成長背景或所屬的宗教團體，也可能只是來自周遭的人或讀過的書。所有價值的定義都因人而異，而且大多數人的價值觀有時本身並不一致。這些都可能影響你在決定某件事時有多在意風險，可能獲得的好處對你又有多重要。

這些事不像接種疫苗的風險或好處，沒有「專家」能爲你評估。不過，當然有些人對這類道德問題想了很多，尤其是生活中常出現的問題，也很熟悉通常會遇到的各種考量因素。這就是爲什麼醫院和大學經常雇用這些人來幫忙做決定。這樣做是有理由的。當我們遇到道德上難以決定的問題，通常都有特別想商談的對象，例如父母、牧師或老友。但在價值判斷方面，不像吸菸是否有害健康，世界上並不存在普世公認的專家。

當做決定的主角是一群人或團體，情況就更複雜了。不僅可能連事實爲何都無法達成共識（但若成員擁有我們剛才提到、之後還會詳細討論的思考工具，或許就有辦法找到可靠的資訊來源），成員之間的價值觀還可能不一致，甚至互相衝突。本書之後會討論這個難題。

專業知識與權威

因此，當我們衡量各種選擇時，除了需要基於事實又值得信賴的消息來源，還要考慮自己的價值觀，並嘗試理解可能的後果。但到最後，誰有權做決定？

現今大多數社會都假定，個人有權爲攸關自己的事做決定。但你是否想過，爲何當你受的影響最大，**你就有權做決定**？目前有許多爭議，癥結都在這裡。

假設我們（包括你）都希望你事事順利。我們大多數人都有過事情出錯、後悔或一個決定造成嚴重後果的經驗。我們並不擅長預測什麼能讓事情順利，不僅複雜的醫療決定如此，其他許多方面也不例外。如果你只想要事情順利，或許應該將所有決定交給專家。

對我們多數人來說，這樣做感覺很恐怖。就算專家做的決定都「對」，但讓他們決定我們可以吃什麼、什麼時候吃、該服哪些藥、接受哪些醫療、該做什麼工作、加入哪些團體、該做什麼運動、交往怎樣的伴侶，感覺還是很像地獄。我們希望保有拒絕專家「建議」的權利。但這樣做不是很不理性嗎？你可能會說（而且或許沒錯），「專家」有時也會出錯，更何況他們可能並不清楚我覺得什麼對我最好。這當然有可能。但你也可能有自我毀滅的衝動，結果也好不到哪裡，要是專家有權替你決定，或許反而會好得多。所以，我們為何如此不想交出決定權，像是這麼做會要了自己的命？

最明顯的回答就是，從小到大，身旁的人就不斷告訴你，你是自由的，擁有自己的權利與義務——至少民主國家是如此。你期待別人正視和尊重你的自由。讓我們再次回到你心臟病發的例子。所以，該怎麼選？歸根結柢，權衡情況和做決定的人是你。你不能任由專家決定，即使專家說他們知道怎麼做對你最好。一切終究由**你**決定。

但有許多重要決定，攸關對象不是你，而是另一個人的福祉，而且那個人沒有能力自己做決定。假設你外婆快死了，不大可能完全康復。她已經昏迷，靠維生系統活著。她將拔掉插頭的決定權交給你。這時，人工智慧熱誠支持者可能會說，將決定交給機器，因爲它能取得現有最好的醫療與統計證據，研判可能的結果。那些根據你外婆病情和最新醫療知識所做出的複雜計算，你可能根本做不來。問題是遇到這種情況，你必須扛起做決定的責任，因爲外婆要你這麼做。你必須做決定，不能交給機器。你不能直接說：「欸，機器說放外婆走，所以拔插頭吧。」機器或許可以提供相關論辯及各種考量作參考，但你必須搞懂那些論辯與考量，做出權衡，最後決定。身爲自由自主的個體，你必須爲外婆做出價值選擇，只因爲她將自己交到了你手上。即使你在做決定前聽了許多人或機器的意見，甚至聽從了他們的建議，做決定的還是你。

爲自己做決定，似乎和爲年長親戚、癌症孩童、牙牙學語的嬰兒、動物、樹木或無生命的物體做決定不同。例如畜牧業，你經營牧場，想讓牲口肥壯，手邊已經有數百年的知識與科學告訴你該如何做到，而我們也預設牧場主人會善用這些資訊管理牧場，不會在意他們有沒有徵詢牛群。對錯姑且不論，我們都認爲自己是**自由**的，和動物不同。科學家針對個人事務給我們意見和牧場主人判斷牲口要不要打疫苗，兩者天差地遠。我們視其他人爲擁有主體性的個體，也希望自己被如此對待。替年長親戚或孩童做決定之所以那麼艱難，就是因爲我們希望**可以**徵詢他們的意見，即使沒辦法做到。因爲我們認爲做決定是他們的權利，不是我們的；但面對動物，我們似乎就沒這種困擾。

有時候，我們不僅要爲某個無法替自己做決定的人做選擇，還要作爲群體或社會的一分子共同承擔決定的後果。雖然在心臟病發的例子中，你可能會拒絕民主決，但投票確實是將會受某一決定影響的群體成員納入決策過程的一種方式。集體決策時，我們除了會對哪些事實可靠、哪些專家值得信賴有不同意見，還可能必須考量彼此衝突的利益與價值。本書將介紹一些方法，不僅能協助一群人集體評估資訊，還能讓他們同理思考及權衡彼此的價值觀，讓投票這個一般視爲民主程序的決策方式更有品質。

還有一些特殊情況，做決定的權力不在最受決定影響的人手上。除了之前提到的沒有能力做決定的人，還包括原以爲是個人決定，結果卻可能產生外部效應的情況。例如，騎機車必須戴安全帽就是如此，疫情期間公衛部門有權決定學校何時停課也是。但大多數時候，我們都假定做決定的權力在受決定影響的個人或群體手上。

失敗模式

因此，好的決策模式取決於剛才討論過的三個因素：來自可靠專家的正確資訊、謹慎權衡不同價值，以及一個將決定權交在會受決定影響的人手中的結構。只要其中一個因素大幅壓過其他因素，就會進入失敗模式，我們就知道問題大了。

比方說，要是做決定時過度依賴專家意見呢？近來有不少政治哲學家提到一個極端主張，那就是「知識菁英制（epistocracy）」，個人必須擁有一定教育水準或知識才能享有投票權，譬如只有高中或大學畢業以上才能投票，或是所有人都能投票，但教育程度高的人有比較多票[4]。

不論好處爲何，知識菁英制顯然有一些令人不安的特徵，後續章節將會討論。我們要如何不過度依賴科學家又跟他們合作呢？科學家和我們並不是主人與牲口，因此我們不希望被他們當成羊群對待，未經我們許可就對我們施加控制。我們希望做決定的衡量權在自己手上。科學家想要影響我們做決定，就必須先**說服**我們。他們可以向我們解釋他們所認爲發現的事實，並公開他們如何確保自己取得公正結果的做法，讓我們自行判斷結果是否令人信服。

這代表所有人，包括科學家和非科學家，都必須對科學家用來得出結論的技巧有一定程度的理解。不難想見，我們能不能選出好專家靠的也是這份理解。正如之前所言，這些技巧都不是祕密，所有人都可以學習，也是本書的主要目標之一。

再來，要是做決定時過度偏重個人的自主權呢？當決定裡有許多要素必須謹慎平衡，卻被化約爲非此即彼的選擇時，就會造成這種失敗模式：「你要麼放棄自由，都交給技術官僚決定，要麼保有自由，拒絕他們所謂的專業知識，『自己做研究』。」例如，花兩百個小時觀看 YouTube 影片，找出你覺得「聽起來對」的內容。當然，這樣做的問題在於我們覺得對的有可能眞的對，也可能錯得離譜。比方說，認知偏誤讓我們特別容易相信有魅力的人說的話、接受符合我們偏見的故事、妖魔化我們討厭的人。本書之後會更詳細討論偏誤。由於我們經常看不見自己的偏誤，因此用常識來判斷什麼「聽起來對」很容易出錯，甚至造成致命錯誤。我們就像遭受攻擊、雷達卻被關掉的部隊，根本不曉得自己該提防什麼。

最後，當我們不了解如何在專業知識與我們個人或群體價值之間取得平衡，並且堅持相關科學家不得參與價值討論，就可能造成第三種失敗模式。我們當然希望科學家研究問題時不忘思考研究成果可能被如何應用，甚至該不該應用——例如原子彈。事實上，我們希望良好的科學教育能激發這類道德思考。我們不希望科學家不考慮後果（無論好壞）就直接編輯人類基因或解讀人腦。因此，說得更明確一點，我們希望將科學家發現的事實與他們自己的價值判斷區分開來，因爲我們期待他們是事實專家、價值討論的一分子。能在提供建議時不忘提醒我們區分這兩者的科學家，才是可以信賴的科學家。

這三種失敗模式當然不是全部——專業知識、價值與自主性三者的微妙平衡有太多種狀況可能出錯。而我們身爲決策者，不論個人或群體，都必須留意這個平衡與決策程序。有趣的是，專業知識在這方面也派得上用場，尤其當我們需要理解群體決策（有時爲民主決）程序和某項政策對社會的影響時，這些知識往往也屬於科學思考的一部分，例如社會科學所使用的觀念與研究結果就對如何進行集體決策非常有用。這點在後續章節裡俯拾可見。身爲社會的一分子，我們可以改善決策方式，好讓所有人的想法與偏好都得到應有的重視。

這類專業知識還有一點特別重要，就是能協助我們察覺過去只隱約意識到的價值與目標。這些價值與目標一旦明確點出，我們就會發現將它們納入決策考量不僅有益，甚至必要。例如討論社會政策時，考慮不同時間尺度就很有幫助。我們該放多少比重在眼前這代人的即時利益上，又該放多少比重在三十年（甚至三十個世代）以後的人的利益上？

說到底，所有決定都是一場賭注，不論個人或群體決定皆然。我們很少能保證自己的選擇一定正確。這件事同樣能受惠於科學思考。本書將會討論到這一點，尤其是「機率思考」的部分。

截至目前，本章所有討論都建立在一個前提上，那就是實在（reality）* 只有一個，不會因人而異，而科學可以告訴我們探究實在的方法。但我們憑什麼相信科學所描述的，就是不會因人而異，而且「就在那裡」的世界？憑什麼相信科學告訴我們的驚人事物，從微小的粒子與作用力、遙遠的星系、電磁輻射、潛藏的行事動機到腦內血流的突然變化，這些事物都眞實存在，而且對所有人都是如此？倘若世界對我們來說不是人人皆同，集體決策就不可能。這便是下一章要討論的大哉問。

＊編註：當 Reality 譯為「實在」時，強調的是一種客觀存在的狀態，即獨立於個人經驗和感知之外的外部世界。這種用法多見於哲學或科學領域，特別是當討論自然界的客觀規律或存在本質時。

第二章 器具與實在

眾所周知，不同黨派的人對科學問題常有不同意見。比如在美國，右派一般認爲氣候變遷對人類沒有太大風險，左派則傾向認爲非常危險。右派普遍認爲放寬私人擁有槍枝的規範不會導致犯罪增加，左派則看法相反。

遇到這種情形，我們通常會認爲是其中一方不夠了解科學。我們這群人很了解，是另一邊的人不懂。假如眞是如此，那只要提高所有人的科學知識水準，分歧就會消失。但社會科學家發現，政治光譜兩端其實都有很懂科學的人，光是告知對方「事實」，很少足以化解彼此的政治歧見。

本書將會更詳細指出，面對這些熱議話題，我們很少依事實說話，而是往往憑個人認同選邊站，而科學論述甚至會被當成工具，**以證據爲武器**，支持個人偏好的信念。譬如你是左派，你朋友都認爲智慧設計論*很扯，這時你若表示智慧設計論或許有些道理，可能就必須付出巨大的社會代價。只要你對某個主題稍有認識，就有辦法組織證據來支持你所屬群體的信念。假如你是左派，你的朋友都認爲槍枝管制寬鬆導致高犯罪率和高槍擊死亡率，這時你如果想探討私人擁槍可以遏阻犯罪或槍枝管制沒有效果之類的想法，可能就得付出代價；但假如你是右派，情況正好相反。因此，擁有些許知識反倒讓你多了一種捍衛自己人信念的手段。

你可能會說，就算如此，那又有什麼問題？對你個人來說，反映自己人意見只會讓你更受群體歡迎、相處更順利、日子過得更輕鬆。只要所有人都跟著自己所選的教會走，還有誰會在乎誰「對」誰錯？更何況除了跟著自己人腳步走、尊重你生活賴以維持的權力結構，眞的還有更高的「對錯」可言嗎？會不會根本就沒有所謂的單一「眞理」，沒有不論我們身屬任何黨派都會一致同意的對與錯？

對錯與科學精神

其實，很少人會接受「眞理因人而異」的看法。不論你選擇哪一邊，都自然會

＊編註：intelligent design，主張宇宙和生命的複雜性無法只是以物競天擇來解釋，必須有一位智慧的設計者介入，此理論挑戰了達爾文的進化論。

覺得另一邊是錯的，他們犯了非常嚴重、甚至危險的錯誤。一般人面對擁槍權之類問題的意見分歧，和面對喜歡什麼歌或要點哪種披薩時的看法不一，態度是完全不同的。

儘管有些人文領域的學者認爲，科學本身也只是眾多權力結構中的一種，但大多數科學家和我們一樣，都認爲世界上有某些基本事實是有對錯可言的，甚至認爲科學的目的就在於找出客觀的對與錯。科學家確實希望證明他們描述的世界眞的「就在那裡」，而且在那個世界裡，對與錯、事實與虛構都獨立於權力結構之上，獨立於我們對「實在」一廂情願的設想之外。

就拿科學家實際使用的研究程序來說吧。除了本章稍後會提到一個經典範例，接下來幾章也會大幅介紹這些程序。我們會發現，這些程序並非如某些人所想，科學家是靠霸凌取得共識。事實上，科學家的工作方法往往和堅守教條的權力團體完全相反。科學的權威來自不懈的自我質疑。科學家甚至往往認爲這是必要之舉。任何觀點都必須有一個明確方式證明它是錯的，否則就不值得考慮。要是沒有方法可證明這個觀點爲假，科學家反而會更懷疑它的正確性。科學家讚揚的偉大突破裡，有許多都來自某人證明了該領域的領導人物所接受的想法根本不可能爲眞。

在科學裡，經過這道質疑程序的想法才有權威，而不是因爲有權威者如此主張。這與會用火刑台或無視對付質疑者的邪教完全相反。在科學裡，質疑是受歡迎的。從這點看，科學基本上確實是一種社會現象，只不過是一種合作追求眞理、而非脅迫的社會現象。和教養孩童一樣，這種挑戰與質疑也要整個社群攜手才能達成。

走筆至此，我們必須暫停片刻，明確表達接下來還會反覆提到的一件事，那就是書裡提到三禧思維的基本概念、原則與操作方法，全是當前最佳的科學實踐方法，而且來之不易。這些實踐方法是科學家時時追求或改進的目標，而且多數時候都能確實做到。但科學畢竟是人爲事業，隨手就能找到個人或團體未能遵守這些最佳做法的例子，連整個科學子領域都違反要領的例子也所在多有。違反實踐方法有些是出於誤解，有些則是出於動機不良或未達目的不擇手段。不過，科學家談到這些例子一點也不自豪，而是立刻指出這樣不對。而我們在這本書裡提倡的，正是科學思維不斷追求自我改進的精神。這份精神可以讓我們的群體能力發揮到極致。儘管科學家有時無法做到，但我們都學到了一件事，那就是每當科學家這樣做，科學就會取得更多進展。

不過，就算一切順遂，科學家也照實踐方法做了，科學在辨別「實在」這件事上仍然相當粗糙與簡陋。眞理確實「就在那裡」，但人類數百年來建構的理論與模型，往往最多只能逼近眞理。我們承認自己擁有的模型通常不完美，頂多是通向眞理的簡略指南。面對某個領域的現象，我們有時會發現自己手邊有好幾個模型或理論，而哪個理論或模型最能實現眼前目的，我們就用那一個。

經年累月，我們的理論與模型愈來愈接近眞理，對於周遭現象的科學描述往往能達到一定的準確度，甚至已經準確到足以讓我們藉此取得驚人成功。這點幾乎無須贅述。我們現在雖然對科學的各樣成就感到驚奇，卻也常常覺得理所當然，甚至對目前科技仍有極限感到驚訝。

邁向共享實在

不過，問題來了：要是人人都有辦法使用證據當武器，拿它來支持自己既有的想法，我們又如何能對「就在那裡」的實相達成共識？如何對實在達成一致的理解？

觸覺或許是最能讓我們感受到實在的知覺：不論你拳打桌子或手指輕敲桌面，甚至摸黑在房裡撞到桌子，你都確信桌子就在那裡，它眞實存在。因此，我們不妨從這裡開始，假設最有可能通向共享實在*的做法，就是觸碰、撫摸、握持、戳刺或推拉物體之後見到其反應。這件事通常不會產生太多爭議：「桌子是否在那裡」的答案不會因黨派而異。

但用身體去碰一樣東西，不是感覺它眞實存在的唯一方法。我們通常也會接受用棍子戳到的物體眞實存在。同樣的道理，雖然標準證明是「眼見爲憑」，但我們也接受眼鏡讓我們看得更清楚，甚至願意使用放大鏡看小蟲子，並相信自己透過鏡片所見就和親眼所見一樣眞實。

長年下來，我們愈來愈懂得運用中介物，使用複雜程度遠超過眼鏡或放大鏡的工具來感知物體，卻依然強烈感覺自己接觸到了實在。這些中介物包括你可能正放在口袋裡的手機。事實上，我們現在能用更直接、更互動的方式「看到」十年前必須到豪華實驗室才能見到的東西，而且這些東西一百年前根本沒有人看得到。我們「體驗實在」的機會比以前多了許多。

讓我們用聽覺舉一個很精采的例子。你只要下載一個應用程式，就能立刻將手

＊編註：shared reality，或譯爲共享現實，指人們在互動中共同建構並認同的現實觀點或經驗，讓不同的人能夠在某些情境中達成共識，形成集體共享的世界觀。

機變成聲音分析器，也就是頻譜儀，在你唱歌、吹口哨、彈奏樂器或發出聲音時，將聲音的性質變爲可見。【圖表2-1】就是一例。當你開始吹口哨，螢幕上就會出現一條線，吹的音愈高，螢幕上的線就愈高。出人意料的是，你以爲自己唱的是單音，螢幕上卻出現許多條線，宛如唱的是和弦一般。這時你會發自內心相信，自己唱的其實不是單音，而是由這些「泛音」組成的和弦。我們會說，這些較高的音混在了你想唱的音裡。

你可能還會發現，唱出來的元音不同，泛音線數量也會不

【圖表2-1】

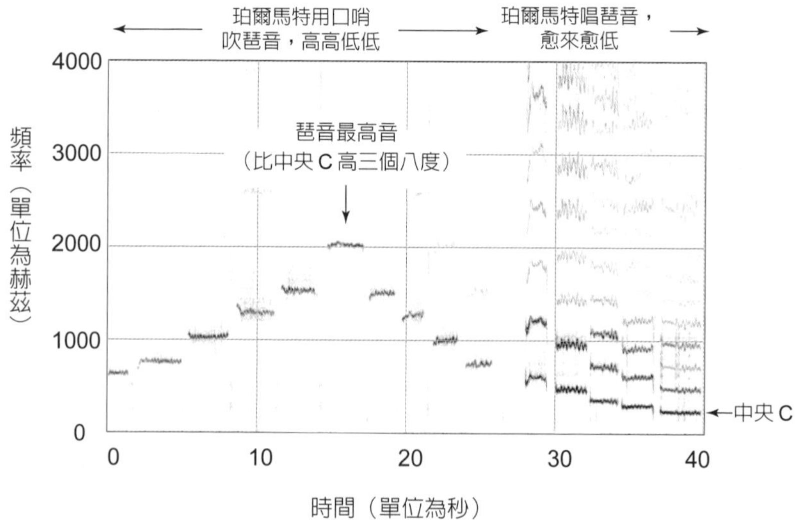

同，例如「阿（ah）」的泛音線非常多，「哦（oh）」的泛音線比較少，「咿（ee）」的泛音線更少。只要稍微玩一下這個應用程式，就會開始感覺這就是聲音的實在。即使不清楚背後的理論，你眼中的聲音世界也會開始改變，因爲你直接和它互動過了。我們的聽力系統會將這些同時出現、彼此關聯的單音（即泛音）視爲同一音高，只是混合出來的「音色」不同。這就是我們在音高相同的情況下，仍然能辨別小提琴、長笛與男高音的理由。就算沒有頻譜儀，小提琴、長笛和男高音聽起來也不一樣！

並非所有測量儀器都可以帶來這種感受，讓我們感覺觸碰到了實在。推椅子、敲桌子和對著頻譜儀唱歌都有一個特點，那就是讓我們感受到互動探索（interactive exploration）。這是科學哲學家哈金（Ian Hacking）發明的術語，意思是當我們所體驗的事物會隨我們的作爲而變，我們就更會相信那個事物眞實存在。比方說，當你用球桿撞球，球往前滾，你就會開始相信自己見到的那個圓形是物理世界中眞實存在、有硬度有重量的物體。頻譜儀上的圖像雖然不算直接體驗，卻也會跟你互動，線條會隨你吹口哨的音調高低而變，兩個人同時吹口哨會出現好幾條線。頻譜儀甚至會讓你開始相信一些之前不曉得的實在，例如你唱歌的音色其實是由不同音高組成的。

一旦察覺互動探索能讓你對實在的感知更敏銳，接下來幾個藉由器具產生不同程度的互動，因而使感知增強的例子就變得非常有趣，也很有說服力了。讓我們先舉兩個科學味比較重的例子，再來介紹日常經驗中的實例。

玩完頻譜儀應用程式，立刻可以想到另一個範例，而且非常低科技，用不到手機，在家裡就可以操作！首先找一扇陽光直射的窗戶，再準備一張中間戳了一個針孔的紙板，將紙板貼在窗玻璃上，以便只讓一束陽光通過。

接著將稜鏡放在那束陽光的路徑上，你就會看見陽光散射成彩虹。如果用LED光束照射稜鏡，你只會見到幾道有色光，而非完整的彩虹。若能找到舊式的日光燈或白熾燈，用它的光束照射稜鏡，你會看見出現的有色光顏色和LED光束照射出來的不同，但同樣不是完整的彩虹。我們會說這幾種光都是白光，但它們的組成顏色看來各不相同。這帶給我們什麼發現？稜鏡實驗的互動感和頻譜儀實驗一樣強嗎？

的確，用稜鏡檢視光和用頻譜儀檢視聲音有不少地方很像：頻譜儀讓我們發現自己聽到的聲音似乎是由同時發出的不同音高所組成，稜鏡則讓我們看見日常所見的白光其實由許多不同顏色的光組成。從頻譜儀上可以看到口哨聲非常乾淨，每次只有一個音高，而LED光束通過稜鏡散射出來的光線顏色則不如陽光多。嘗試過不同光源，你可能開始相信自己雖然只能見到白光，但白光其實跟聲音的「和弦」一樣，是由許多不同顏色的光所組成，就像你唱出某個音高其實是由許多音組成。你可能開始接受一件事：實際的光和我們僅憑肉眼認識到的光有一點不同。

以這兩個互動探索（聲音和光）的例子來說，你可能覺得稜鏡比手機應用程式更好，因為稜鏡是摸得到的物體，你的大腦不用擔心應用程式可能有你不了解的機關或什麼幕後詭計騙你。你很確定從稜鏡出來的光來自進入稜鏡的光，只是被改變了而已。再加上稜鏡構造簡單，因此你也很確定從稜鏡出來的光確實反映實在，而不是某個聰明電腦程式弄出來的幻象。

儘管如此，比起用手機程式互動探索聲音，用稜鏡互動探索光可能少了點刺激，因為我們無法像聲音一樣輕鬆變換白色光源。要是我們的眼睛能發出雷射光，並能隨意改變顏色，就像我們能唱出不同音高那樣，或許我們的大腦會更相信白光是由多種色光組成的一點？總之，這就是強互動探索和弱互動探索的差別。

不過，這還不是最糟的！想像我們坐在房間裡，想知道自己呼吸的空氣有多混濁吧。最近幾年，許多人都說這個問題很重要。每當你吸入氧氣、呼出二氧化碳，房裡的空氣就會變「混濁」，讓大腦更難獲得清晰思考所需的氧氣。通常這無所謂，因為只要房間不算小，空氣就很多，而且隨時會有帶著新鮮氧氣的新鮮空氣鑽進來。但要是房裡空氣不太流通，人數又多，例如在大學教室裡上了一個小時的課，二氧化碳量就會增加，氧氣量會減少。研究者曾經測試人在不同二氧化碳濃度下的認知表現[5]，結果發現濃度八百以下，受試者表現良好，一千左右表現稍差，一千兩百表現很差，而這個數值差不多就是在通風不良的教室裡上課一小時後的二氧化碳濃度。

如今只要買一個小感應器，就能顯示空氣裡的二氧化碳濃度——而且還附贈溫濕度，實在很划算！不過，二氧化碳感應器無法提供某些器具能給予的大量互動，頂多就是朝進氣口吹氣之後會見到顯示器的指數上升大概一分鐘左右。你其實沒辦法跟這個儀器有什麼互動，而且很難知道它對什麼起反應，因爲我們沒有其他方式可以知道空氣裡有多少二氧化碳，不像頻譜儀可以讓我們認出不同樂音與樂器。就算你進房間後，我告訴你二氧化碳增多了，你大腦的效能會減弱，你自己也很難判斷——想也知道你會愈來愈難判斷，因爲你的大腦愈來愈弱。

重點是，我們很難「眞實」感受到二氧化碳濃度，靠的是相信。說不定感應器顯示的讀數其實是外星人從太空傳送來的，他們只要看到我們朝進氣口吹氣，就會調高讀數。好吧，我們可能不會相信這麼詭異的說法，但二氧化碳感應器顯然不像前面討論過的儀器，可以讓我們感覺和實在相連。

最後一個例子值得一提，是因爲使用的工具極其簡單，根本不高科技，卻又能擴展我們的感官，那就是紙和筆。一八五四年倫敦霍亂盛行，沒有人知道背後原因，於是斯諾（John Snow）開始在地圖上做紀錄，只要哪裡有人死於霍亂，他就在地圖上標示一個小點。慢慢慢慢，他發現小點都集中在某個區域，而且距離那個熱點愈遠，死亡人數就愈少。他後來得知熱點中心有一口井和取水泵，立刻明白問題就出在那口井，於是便將泵的手柄拆走，不讓人用泵取水，霍亂死亡人數就開始減少。

你可以把這類例子想成前面提到的那種認識實在的互動測驗，而它也是用低科技彌補人類弱點的另一個例子。我們很不擅長記住過去哪些事發生在什麼地方，因此倫敦民眾看不出霍亂死亡地點背後的模式。但有了紙和筆，我們就能記下事件，克服人類記憶和大腦描繪空間數據的能力局限。這類工具讓我們有辦法做到原本做不到的事，感知到實際發生中的實在。

自斯諾那個時代以來，人類不斷發明擴展感知的方式，克服自身局限，讓我們得以接觸到更多實在。這些器具讓我們和它們測得的現象互動，讓人更加感覺那些科學概念與名稱都不是我們憑空發明的，不論怎麼稱呼它們，那些現象都是具體而眞實的，我們很少會爭論它們是否眞實。

感知外的實在：測試我們所用的工具

所有動物感知世界的能力都有局限，人類也不例外。前面提到那些器具，能彌補我們感知世界時的不足，而人類感官最基本的缺陷就是無法告訴我們周遭發生的一切，因此才需要器具輔助，例如有些人需要眼鏡，所有人都需要望遠鏡才能看到非常遙遠的星系或行星，需要顯微鏡才能看見細胞之類的微小物體。我們很難聽出單音與和弦的區別，前面提到的頻譜儀能幫我們拆解複音，大多數人不靠輔助根本做不來。陽光在我們眼中通常是單純的白光，要靠稜鏡才能讓我們看見陽光的複雜，看見它其實是由不同色光所組成。

然而，接受器具對周遭環境的分析並不容易。以電力來說，我們現在經常用各種儀器測知電流，像是電壓計、電流表等等。我們對這些儀器都很熟悉，也理所當然認爲它們所顯示的內容就是它們聲稱可以量到的東西。「既然它是電壓計，應該就是量電壓吧。」我們會這樣說，完全忘了這些器具的誕生其實是一項成就。假如這些儀器是我們發現某些實在的唯一管道，我們怎麼確認它們測得的到底是什麼？

舉一個歷史上的例子——伽利略一六〇九年頭一回使用望遠鏡。他一將望遠鏡對準夜空，就做出了許多沒有望遠鏡是絕不可能做出的天文觀察，包括木星的衛星是繞著木星旋轉，而不是如《聖經》所說，所有天體都繞著地球旋轉。於是，伽利略的觀察自然成爲各執一詞的爭論焦點。

批評者立刻指出，伽利略只證明了以某種方式將幾面透鏡放在一根管子裡，眼前就會出現非常奇特的光點。他們主張，用望遠鏡發現「就在那裡」的物體，這種方法不具效力。[6]這時，你如何證明望遠鏡確實能發現實在的眞貌？

如同先前提到，科學面對這種挑戰的處理方式和權力型組織大不相同，伽利略的故事就是鮮明的範例。邪教和依靠權威運作的宗教通常很堅持某些眞理，而且根據過往紀錄，他們很常使用脅迫手段要求所有人接受。例如一六三三年六月二十二日，天主教廷就將宗教審判使用的刑求工具擺在伽利略面前，建議他同意所有天體都環繞地球旋轉。

反觀科學家通常不使用威逼，而是擁抱懷疑。他們會問自己會不會眞的搞錯了；尤其重要的是，他們會使用客觀的技巧，依循精心設計的規則來檢視自己的理論。我們會在接下來幾章詳細介紹這些技巧。不過，科學家爲了判斷某項觀察是否切實反映實在所問的問題，我們早就耳熟能詳：同樣的觀察做了多少次？不同人觀察是否都得出相同結果？我們知道這些器具或儀器的運作原理嗎？有理由相信這些器具或儀器確實能觀測到我們想觀測到的現象嗎？等等。

因此，以這個歷史案例來說，伽利略能一再得出相同的觀察結果，就足以顯示這些觀察是可靠的。當然，如何向他人傳播這些發現是很大的難題，因爲當時的望遠鏡只由兩片光學透鏡構成，而且透鏡品質不夠好，無法穩定維持準確的長距離觀察，更何況一般普遍認爲視覺比觸覺更容易受騙。因此，伽利略發明了不少技術，製造出影像解析力、準確度高出許多的望遠鏡。但要說服大眾，就必須讓其他研究者也能使用這些望遠鏡。後來，這件事確實實現了，所有人都能拿著望遠鏡觀察有點遠又不會太遠的可變動物體，例如一塊農田以外的水牛，親自檢驗望遠鏡到底顯示了什麼。不過，對企圖遠大的伽利略來說，這只是開始。他的最終目的是證明天體與地球雖然看來天差地遠，卻是由大致相同的物質組成，並依循相同的力學法則，而不是如過去幾百年來世人所相信的，天界的榮耀與地上的榮耀截然不同。例如，伽利略主張慣性原理適用於天體與地球，這點就對牛頓影響重大，讓他得以找出一組統管一切物質（天體和地球都包括在內）的方程式。

從已知造起：木筏和金字塔

因此，證實伽利略的結論並不是單靠一個「鐵證」，而是綜合了許多考量。

這些考量彼此支持，而且每一項都可以獨立檢驗，例如「我們對折射的理解正確嗎？」和「不同人觀察是否都會得出相同結果？」等等。對於這一點，我們可以用科學結構的兩大比喻來解釋，那就是木筏與金字塔。故事是這樣的：

一九四七年，探險家兼民族誌學者海爾達（Thor Heyerdahl）決定駕駛「康提基號」輕木筏從祕魯航行到玻里尼西亞。同行夥伴推斷途中可能會有輕木被海水滲濕，便多帶了幾根輕木，這樣就算有木頭浸沉，無法漂浮，他們也可以用預備的輕木更換。不過，他們顯然不能一口氣拆換所有輕木，因爲只要同時拆掉幾根木頭，整艘木筏就會瓦解，所有人都會淹死[7]。

當我們想描述自己是靠一組相互支持的證據來證明某項器具（例如望遠鏡）有用，確實能提供我們希望它能提供的資訊時，木筏就是很好的比喻。假設你想擱置所有信念，不接受目前所有知識，從零開始重建我們所知的一切，也就是不再曉得某個疾病能不能被抗生素治好、身上出現斑點是不是得了痲疹，也不再理解夜空星辰的運動模式、哪些疫苗對哪些疾病有效，從零開始證明我們所相信的一切，這就好比拆掉所有輕木，從頭開始重建我們的木筏：能用的材料不足，最後只會淹死。但我們也可以留著大多數主張，單獨檢驗每個命題，拆換掉不合格的想法，例如以大部分現有醫療知識爲前提，回頭檢驗某種疫苗是否確實能預防某個疾病。同樣的，對於我們所相信的每個醫療主張，我們都可以在假定其餘醫療知識正確的情況下，單獨評估與檢驗它是否爲眞。

除了木筏，另一個比喻是金字塔。根據這個比喻，科學是層層堆疊起來的，而且上層建立在下層之上。這個比喻和木筏很不同。在木筏比喻裡，沒有哪些木頭比其他木頭更基本。但在金字塔比喻裡，則有某些科學信念是根基，其餘信念都建立其上，只要質疑這些基本信念，整個結構就會瓦解。

這兩個比喻都不盡完善，但木筏比喻更符合目前大多數人對科學的看法，認爲科學方法是謹愼、持疑和暫時的，沒有哪一個命題不能被挑戰、拋棄或取代。但我們必須提醒自己，所有持疑都是「局部」的：若想質疑某個命題需要證明，必須先接受其他某些命題爲眞，就像我們一次只能檢查和更換一根木頭，只是每個命題都能被挑戰，就像每根木頭都能被檢查與更換一樣。

木筏比喻還捕捉到一個關鍵，那就是科學知識裡的每個部分，就像木筏的每根木頭，唯有借助與它相連的其他部分才能得到力量。我們相信科學的某個部分，是因爲其他許多部分支持它。這就好比對證據做三角推算*，藉由某些證據來相信其他證據。我們之後將會談到，正是這種三角推算，讓我們就算不能像捶打桌子（或腳趾踢到桌子）那樣直接感受到和實在互動，也能掌握就在那裡的眞實世界，繼續打造共享實在。

因此，當我們以這種方式操作器具，例如想了解陽光由什麼組成時，通常不會只依賴一項結果，而是如剛才所提的，使用許多不同器具。這些器具每個都有數種使用方式，而我們則使用所有結果來對我們感興趣的現象做三角推算。

當我們無法進行互動探索，該怎麼做出依據眞實的決定？

這件事對我們做決定有什麼啓發？特別是需要和其他人或全體社會做決定的時候？最明顯的一點，或許是察覺這些實用器具不僅擴展了我們的感官知覺，顯然更有助於找出我們在這個世界裡共享的實在。當我們使用了這些器具，並嘗試從中理解聲音、光與霍亂之後，不會有人說：「ＬＥＤ燈和陽光對你來說也許是這樣，但對我不是。」而是會交換意見、分享結果，希望共同了解某些事物，好比找出霍亂

＊編註：triangulation，或譯爲「三角測量」，意指在地理學、測量學或導航中，利用已知位置的點來計算未知位置。在科學研究中，指的是藉由多種角度來確認或加強對某一結論的信心。

的關鍵原因，若能利用這份理解來改變世界更好，例如不再讓人飲用遭污染的水。

儘管這種和世界的互動要透過器具，仍然會使我們對自己擁有的粗略知識產生信心，而且強度就和我們走過房間會避開厚重的桌子不相上下。這種優良的互動經驗愈多，我們就愈有把握自己能知道一些可以影響周遭世界的知識，而且不論個人、團體或社會，都能相信這些關鍵的片段知識可以讓我們有效、甚至有力地解決問題，創造機會。

但我們也必須明白，目前有些情況，我們還把握不到實在。就算可以操弄輸入並觀察輸出是我們最能近距離接觸實在的方式，但有些時候，不論個人、群體或社會，我們需要做出決定，但就是無法操弄輸入或觀察輸出，使得我們和實在的接觸不夠可靠。我們可以想到各種各樣的例子。拿醫療來說，你面對的系統（人體）複雜得超乎想像，就算醫師能與它直接互動，道德上也不允許他們任意嘗試，而且變數太多，他們也很難判斷要選哪一個。更糟的是，有些變數肉眼很難看到，例如細菌。外交政策可能也一樣極度複雜，而且後果可能大到你絕不敢隨便試驗——這樣說或許並不誇張：凡是跟人有關的系統，變數都多得可怕！

其實，剛才舉的這兩種情況，都是我們有時很難藉由互動掌握實在的例子：因爲我們只有一次機會，無法重來。珀爾馬特是宇宙學家，他所關心的現象的時間尺度，就和我們習慣的時間尺度非常不同。我們習慣短時間回應，即使偶爾得等上兩天之類的才會在螢幕上看到回應。時間尺度一旦拉長到幾年或幾十年，我們就體會不到直接互動感，但這種尺度還是我們活著會經歷到的。當現象需要幾百年或幾千年才會顯現，我們蒐集到的資訊就很難給人正在和實在互動的感受。不是說互動變得不可能（後文很快就會舉例子），而是輸入及輸出相隔太久，以致我們連輸出是不是輸出造成的都不清楚。我們對氣候變遷議題的決策能力，顯然就受到這個問題拖累。

如今，全球社會每天都在做一些將會長久影響地球生命軌跡的決定。我們不會立刻感受到其後果作爲回饋。我們沒辦法降低二氧化碳排放量「看看會發生什麼」，就像我們也不能不降低排放量看看會發生什麼。我們和系統的互動感太薄弱，因爲輸出在未來，太遙遠了。這不僅對科學，對政治與政府也是問題。我們都曉得，當時間尺度拉長到一個程度，不只我們操弄以期見到反應的變數可能起作用，其他許多變數也可能起作用。

在這些例子裡，不是實在不存在，而是有許多問題，使我們很難建立共享實在，以致留下許多爭論空間。但科學不會因困難而放棄，反倒發明了許多科學工具與聰明的實驗，希望對實在進行「三角推算」，協助我們在較難取得互動的情境裡做決定。理想上，這些工具與實驗提供了連結，讓我們能在這些較爲複雜的情況裡對實在取得共同的理解。我們不能各據一方，假裝兩個或兩群人對世界實際樣貌看法不同絲毫不重要。而且，假如我們眞的想弄清楚實在裡那些難以直接感受到的面向，我們就必須積極召集對實在看法不同的人，藉由他們協助我們三角推算出世界的眞實樣貌，因爲光靠我們很難察覺自己可能會犯哪些錯誤。本書第十章也將談到，面對更難掌握實在的情境，我們還可採納結合實驗與迭代改進的政策，藉此獲得最好的互動探索。

這些運用三角推算和互動探索建立共享實在的例子，不僅清楚告訴我們世界由什麼組成，還告訴我們什麼東西會影響什麼。下一章將聚焦在因果關係這個主題，因爲它對我們生活在這個世界上做決定和做計畫太重要了。

趣味遊戲

本章最後是一個有趣的心理遊戲。你可以找個人一起玩，了解我們目前的共享實在感已經擴展到什麼程度。請你和對方按著底下列出的概念逐一回答，哪些概念你們有足夠信心，認爲它確實存在於這個世界，哪些只是我們內心世界的想像？

- 你肉眼見到的某個物體
- 你隔著玻璃見到的某個物體
- 你用放大鏡見到的某個物體
- 你用顯微鏡見到的某個物體
- 病菌
- 你根據粒子進出實驗儀器出現了質量與能量差而推論其存在的物體
- 一段時間，例如「五個小時」
- 重力
- 靈魂
- 光本身（而非光照亮的物體）
- 飢餓
- 愛情
- 美
- 經濟通貨膨脹
- 許多人喜歡披頭四的〈昨日〉

・利他行為

・靈感

我們很喜歡這個心理遊戲，因為它展現了科學與哲學有多難，但也有夠好玩！

（我們敢說你和你朋友應該跟我們三個一樣，很難從頭到尾答案都一樣。）

第三章 讓事情發生

科學可以改變我們對世界的慣常看法。我們現在都知道，這個世界除了容易觀察到的特質（如山川、桌椅、人和寵物）之外，還有我們之前觀察不到的重要底層事物，像是細胞、基本粒子與緩慢不可阻擋的板塊運動等等。然而，科學不只是找出構成物質實在的元素，也不只是辨識動物、植物與礦物質，還包括搞清楚它們如何互動與相互作用。

因果關係是我們翻轉與改變世界的槓桿與把手。不了解因果關係，就只能眼睜睜看著事情發生，想不到如何介入、利用、操控或改變事物，例如將岩石敲成銳利的碎片或抱起小孩讓他們不再哭泣，讓我們更有本事生存與欣欣向榮。但我們要怎麼找到這些槓桿與把手？面對世界不是只能束手旁觀，而是可以伸手改造它？

這一章將會探討，我們在混沌世界中尋找因果時會遇到的問題，以及科學提供了哪些變通方法幫助我們。我們相信，許多讀者或許在高中自然課或大學哲學課就聽過「相關不等於因果」這句話。但對於兩者到底差別何在，我們有必要詳細討論如何達成共同理解，因爲只有這份理解能讓我們找到改變世界的槓桿。我們必須先對此事理解一致，才能對什麼是原因、什麼是結果達成共識，繼而向他人解釋我們如何得出因果。

相關與因果

假設科學家調查多個國家的民眾，以找出骨質疏鬆症的行爲危險因子，結果發現每天攝取兩杯以上酒精飲料的受訪者比較容易罹患骨質疏鬆症[8]。你讀了調查結果，不安地想知道這是否表示你必須減少每天喝酒的量。其實，調查結果並未明確指向這一點。因爲喝酒與骨質疏鬆症的相關可能來自每天飲酒超過兩杯的人也常久坐，而久坐少動的生活型態才是骨質疏鬆的原因。如果這樣，只要每週快走幾次或做一點輕量舉重，就不用減少喝酒了。另外一種可能是飲酒確實會造成骨質疏鬆症，這時當然就得克制酒量了。呃，所以到底是哪一個？我們又如何知道？

爲何很難確定原因？問題基本上是這樣的：你首先察覺到這兩件事彼此相關，例如酒喝得比較多的人更可能罹患骨質疏鬆；麻煩在於有許多因果模型可以解釋這個相關，譬如以下四種：

【圖表3-1】

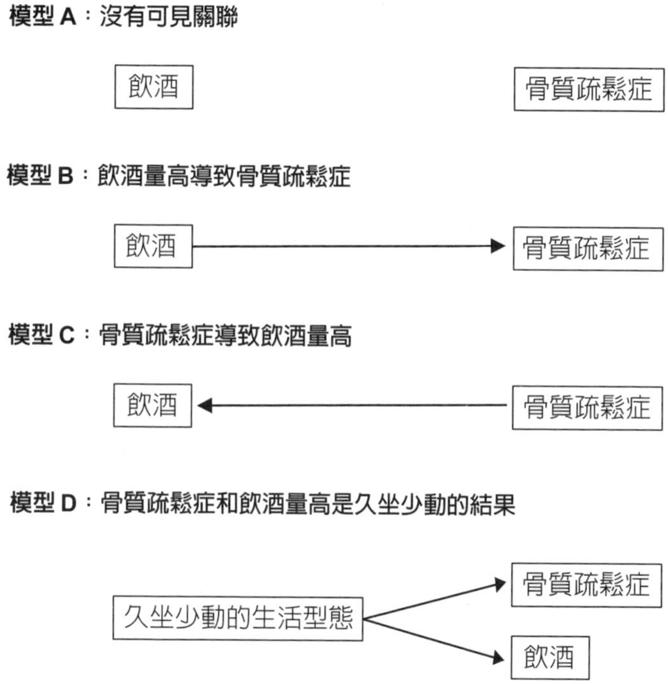

【圖表3-1】中的模型所描述的因果模式，都可以解釋飲酒與骨質疏鬆症爲何相關。模型A指出飲酒和骨質疏鬆症完全無關，或相關強度小到幾乎可以忽略。這個模型已經被我們手上的資料排除，但其餘三個模型都還有可能，我們不曉得哪個正確。

模型B是許多人發現某項行爲和

某種疾病狀態有關時的標準反應。根據這個模型，喝酒會提高罹患骨質疏鬆症的風險，因此若想降低這種風險，就應該少喝點酒。儘管減少飲酒或許還有其他許多理由對你有好處，但你如果覺得喝酒基本上不是壞事，那你可能得見到更多證據，才會決定因爲飲酒與骨質疏鬆症有關而減少喝酒。

模型C也認爲觀察到的相關是因果關係，但方向相反。在前述例子中，骨質疏鬆症導致飲酒量高可能聽起來很牽強，但不是絕不可能。事實上，如果我們將「骨質疏鬆症」換成「失業」，模型C似乎比模型B合理（而且，失業、骨質疏鬆症和喝酒說不定相關）。

最後，模型D認爲我們觀察到的相關不是直接因果關係，至少不是骨質疏鬆症對飲酒或飲酒對骨質疏鬆症有任何直接因果影響。兩者之所以相關，是因爲它們都是由第三個變數所引起的，也就是久坐不動的生活型態。根據這個模型，你可能也會想少喝一點，但不能期待這樣做會降低骨質疏鬆的風險，反而是採取身體上更活躍的生活型態才能更有效改善你的骨質健康。請注意，「共同原因」不一定是「久坐少動的生活型態」。第三變數有很多可能，例如食品防腐劑、氡氣、污染、外星人等等，而且可能需要研究者花費幾十年時間才能找出首要因素[9]。

因此，你怎麼確定哪個模型是對的，正確描述了飲酒與骨質疏鬆症的關係？科學許多時候都在處理這類問題。注意，這個問題預設我們確實觀察到了兩者有關。爲了做到這一點，我們首先必須準確測量這兩個變數，以便使用統計方法判斷兩者是否相關，確定其中一個因素會隨著另一個因素提高而提高、下降而下降。

例如，過去兩百年來，英國麵包價格持續上漲，威尼斯的水平面也是[10]。我們不認爲會有多少博士生賭上職業生涯，以這個相關作爲論文主題，因爲兩者是因果關係感覺不大合理。本章稍後會詳細解釋「合理」的意思。我們常見到兩個因素一起變動。假如這樣就開始想像兩者有因果關係，往往是異想天開。只要在網路上搜尋「僞相關（Spurious Correlations）」，就會找到一個蒐集了幾十個同類案例的網站。例如，根據這個網站，二〇〇〇至二〇〇九年，美國人均乳酪食用量持續上升，死於床單纏住的人也持續增加，而且幅度一致。

理論上，假若威尼斯是英國進口小麥的主要產地，那麼威尼斯水位上漲確實可能導致英國麵包價格上揚。但我們知道事實並非如此，而且我們很難想像有什麼好理由支持麵包價格上揚可能導致水位上漲的說法。有兩種可能情況更合理：第一種是模型D，也就是可能有第三變數（例如某一種大陸型氣候模式）引發了這兩者。但還有另一種可能，那就是我們觀察到的表面相關純屬巧合，一旦蒐集新資料，就不會觀察到同樣狀況。換句話說，我們被資料誤導了，其實模型A才正確，也就是兩者沒有關係。

爲了排除模型A的可能性，研究者使用統計方法檢驗觀察到的相關度是否大於兩個因素隨機變動碰巧湊成的相關度。當科學家表示某個相關「統計顯著」，他們想表達的就是上面這個意思，而不是這個相關對我們人生有顯著意義。科學家想確定是否沒有因果結構支持這個相關（例如麵包價格和水位，也就是模型A），或有因果結構支持這個相關，只是還不確定是模型B、C或D的哪一個[11]。

好吧，那我們到底要如何才能確定喝酒確實是骨質疏鬆症的原因之一？或是如何逐一排除可以解釋兩者相關性的因果結構呢？

找出因果非常難。但如果我們想讓生活裡不想要的結果少一點、想要的結果多一點，找出因果就很關鍵。想像病毒在我們社區裡蔓延。如果能搞清楚發生了什麼，知道背後的科學定律，例如目前感染人數多少、一年後會變成十倍等等，對我們肯定有幫助。然而，我們不只想了解狀況，更想知道如何促成改變。配戴口罩會影響感染人數嗎？飲食會改變病毒對我們的影響嗎？保持社交距離真的可以阻止病毒在人群間散播嗎？這些都是因果問題。科學要眞的有用，就不能只是清晰詳盡描述這個世界的樣貌，告訴我們身爲觀察者會看到什麼發生，還必須告訴我們病毒的前因後果，提供資訊協助我們想出**該如何行動**，根據這些因果關係推斷我們的行爲會產生什麼影響。要是科學無法回答因果關係，就很難看出它對我們實際做決定有任何用處。

實驗：檢驗因果的「黃金律」

數百年來，科學家與哲學家已經找出一些準則，幫助我們在眾多因果模型裡找出最能解釋觀察到的相關性的因果模型。本章稍後會列出主要準則，這些準則至今依然管用。但我們想從最頂尖、我們目前找到最好的方法開始，那就是**做實驗**。

我們面對的基本挑戰是：假設能觀察到的只有相關，而因果是相關背後未被觀察到的結構，那我們究竟要如何知道因果？因爲我們再怎麼觀察只會得到更多相關。過去，這個根本謎團讓科學家對確立因果關係產生了許多懷疑。而我們目前訴諸的答案是：找出因果關係的一個關鍵方法就是**在實驗條件下**觀察相關性。

用白話來說，「實驗」就是「讓我們嘗試一些事，看看會發生什麼」，只是要求更嚴謹[12]。科學實驗有兩項關鍵特徵：首先，我們確實會「嘗試一些事」，看看會發生什麼，也就是我們會「干預」因果系統；但其次，我們嘗試的方式有助於排除掉其他可能原因的影響，只鎖定我們想檢驗的原因。

討論干預的邏輯之前，我們先來談科學排除其他可能原因的方法。第一個要素是**標準化**愈多因素愈好，讓它們不會因無關的狀況而改變。例如想測試某種教學法是否有效，我們就會盡量減少參與者接受到的教學過程與內容的差異（例如提供教學計畫與課程腳本），並使用一致的方法衡量參與者的表現（例如使用相同的測驗題目）。

第二個要素是**對照組**。以教學法的例子來說，對照組就會是未接受新方法教學的學生，例如不接受任何教學或接受比較舊式的教學法。我們當然可以觀察接受新教學法的學生，但想知道它是否有效，我們還需要知道如果這些學生沒有接受這種教學法會怎樣。哲學家和統計學家將此稱作「反事實」。

爲了讓對照組和「受測組」盡可能相似，我們可以讓兩組學生盡量**匹配**，例如受測組分到一位十六歲女性，我們就找一位十六歲女性放入對照組。匹配的方法已經變得相當複雜，但仍然有其極限。它只能控制我們用於匹配的變數，以剛才提到的例子來說，就是性別和年齡，但不控制其他變數，像是經濟背景、營養、壓力等等。

科學家（尤其是統計學家費雪〔Ronald Fisher〕）直到二十世紀初才發現，我們其實可以控制所有不相關變數，而不只是控制已知變數，方法就是將人隨機分派到兩組。就統計而言，如果用拋硬幣決定一百個人誰是受測組、誰是對照組，最後兩個組裡的女性人數可能大致相同，十六歲人數可能也大致相同。更神奇的是，任何想得到的變數，甚至連我們沒想到需要標準化的變數，統統都會大致相同。兩個組裡會有差不多人數的泰勒絲歌迷、差不多人數的天秤座、差不多人數的高爾夫球迷、差不多人數的空腹上學者等等。因此，**隨機分派**被視為實驗的「黃金律」[13]。

別袖手旁觀，要起身而行！

二〇〇二年，坎貝爾得知機器學習領域對干預與因果之間關係的想法之後，感覺有如五雷轟頂。身為哲學家的他一直在思考一個問題：物理學家開口閉口就是因果關係，例如月亮引發潮汐、兩個粒子碰撞產生第三個粒子等等，感覺他們認為因果是我們這個世界的普遍特徵，從粒子到天文物理皆然，而物理學的目標就是分析物理世界的所有存在物。因此，既然質量、電荷、夸克、奇異數和魅數有模型和方程式，我們自然期望因果關係也會有模型或方程式。但坎貝爾覺得物理學家似乎不這麼想。為什麼？難道物理學家那麼草率，甚至輕忽，一邊宣稱自己發現了什麼是因、什麼是果，卻不用模型或方程式來表述因果關係？我們有描述電荷行為的方程式，爲何沒有描述因果關係的方程式？

機器學習領域的新想法是這樣的：借用電腦科學家珀爾（Judea Pearl）的話來說，談論因果就是「總結干預下所發生的事」，也就是不再將因果關係視爲我們觀察到的相關性背後的神祕「未知」結構，而是將因果事實視爲和干預某一系統時什麼與什麼會呈現相關有關。因果之謎困擾了科學哲學幾百年，現在似乎突然雲破天開，我們對因果關係有了一個簡單答案：因果只不過是我們干預某個系統時觀察到的相關性。

假設有一個複雜系統，其中許多部分會互相作用，例如人體、經濟體或電腦電路，而我們想知道它如何運作。【圖表3-2】就是這種系統。「蛋形」是系統邊界，字母是系統內的諸多部分。這些變數非常複雜，我們不確定它們之間如何相關。接著，如圖中第二個蛋形所示，我們觀察到某兩個變數彼此相關。爲了讓例子更具體，假設我們測量了許多和健康可能有關的變數，發現鎂和心臟健康相關：鎂攝取量高，心臟就愈健康。

我們想知道的是：鎂眞的能預防心臟疾病嗎？還是有其他因素可以解釋這個相關性？例如鎂濃度高和心臟健康都是某種遺傳傾向（變數G）的結果。

在這個系統中，遺傳傾向、鎂濃度和心臟健康都各有許多成因與後果，因此很

【圖表3-2】

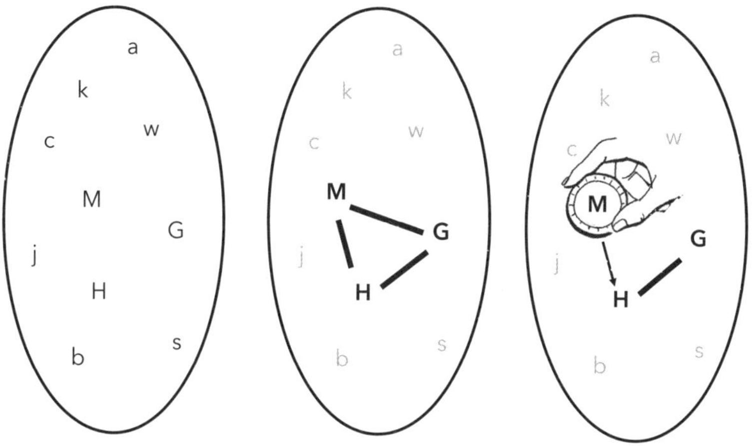

變數系統　系統內觀察到的某些相關　干預系統

注意：M＝鎂（magnesium）、G＝遺傳（genetics）、H＝心臟健康（heart health）

難判斷因果方向。這就是干預的用處。當我們「干預系統」，就是從外部伸手到系統內擾亂它，看看會發生什麼。比方說，我們隨機分派一組人多攝取鎂，另一組人維持原本飲食，藉此擾亂影響鎂濃度高低的原有因素結構，例如原本鎂濃度的高低由基因決定，現在改由**實驗者**決定。因此，在【圖表3-2】的第三個蛋形裡，假如我們發現鎂和心臟健康相關，就有把握相信因果關係是從M到H。

我們可以干預任何相關

變數。假設我們改變鎂攝取量，其他維持不變，就能找出鎂是否會造成**因果影響**。另一方面，也許是健康讓我們多攝取鎂。假設如此，我們就可以用某種方式（例如多運動）讓半數人變得更健康，看看這樣干預是否會提高他們體內的鎂濃度。

根據這種做法，**實驗**就是從你想研究的系統之外插手干預，然後看會發生什麼。假設你發現氣壓計指針和隨後的天氣變化有關，而你想知道指針的位置是否會對天氣造成**因果影響**，這時你要怎麼做？打開氣壓計外殼，用手抓住指針推到你想要的位置。假如你手推指針，天氣就發生變化，那指針位置確實是天氣改變的原因。如果沒有，指針位置就不是原因，眞正影響天氣（照理說還有氣壓計指針位置）的是其他因素（如氣壓），而指針位置只是這個因素的反映。

再舉一個例子：假設你眼前有一塊電路板，而你想知道它的作用。這時你可以從系統外用探針啓動系統內的某個部分，如果有其他部分啓動，你就可以推論是前者讓後者發生。

希爾準則

儘管如此，出於實際、經濟或道德原因，這種刻意實驗經常很難或不可能進行。譬如我們觀察到的大星系，幾乎每個中央都有一個巨大的黑洞，用術語來說就是「超大質量」黑洞，其重力質量是太陽的幾百萬或幾十億倍。天文物理學家觀察到超大質量黑洞的質量與宿主星系的總恆星質量彼此相關。所以是黑洞質量決定了宿主星系質量嗎？還是宿主星系質量決定了黑洞質量？又或是兩者有一個共同原因？不誇張地說，我們得花很長時間才能操弄這些黑洞或星系的質量，以找出誰是因、誰是果。同理，地質學家可能想知道山脈形成的因果步驟爲何，但我們現在無法操弄幾百萬年前發生的事。這時，我們還有方法判定什麼是因、什麼是果嗎？

讓我們看一個比較日常的例子。癌症的成因很難確定，至少因爲原因與結果之間可能相隔多年，我們很難判斷患者過去接觸過什麼導致罹患癌症。近年來，研究者不斷發現新的環境致癌因子，讓人感覺不論去買什麼食品，都會看到標籤註明它可能導致癌症。不過，讓我們細說從頭。最早發現環境致癌因子的，是英國外科醫師帕特（Percival Pott）。他在一七七五年發現接觸煤灰和陰囊癌相關，出於職業被迫經常接觸煤灰的煙囪清潔工罹患陰囊癌的比例較其他人高。先前提到，相關不等於因果，但我們要如何設計出關鍵實驗，確定什麼是因、什麼是果？隨機對照試驗必須找來一群受試者，隨機分派成兩組，再任意挑選其中一組大量接觸煤灰，另一組不接觸煤灰，接著觀察兩組罹患陰囊癌的比例是否不同。不難想見，這種實驗基於道德考量是不能做的，即使之前很不幸眞有人這樣做過[14]。

帕特決定另闢蹊徑。他觀察到接觸煤灰和陰囊癌密切相關。在他看來，基本上幾乎只有煙囪清潔工會罹患陰囊癌，也只有他們每天大量接觸煤灰（即使到了一九二〇年代，煙囪清潔工死於陰囊癌的人數依然是不常接觸到煤灰中焦油或礦物油的人的近兩百倍）。這就表示兩者有因果關係嗎？帕特猜想，相關強度大小應該有意義。

會不會有接觸煤灰以外的第三變數，可以解釋煙囪清潔工大量罹患陰囊癌的事實呢？例如有所謂的煙囪清潔工早餐，他們每天都吃這些食物？帕特認爲，除了接觸煤灰之外，沒有其他煙囪清潔工獨有的因素可以解釋他們和其他人罹患癌症比例的巨大差異。

時間來到一九六五年，傑出的流行病學家兼統計學者希爾（Austin Bradford Hill）發表了一篇著名論文，解決了無法進行關鍵實驗時，我們要如何確認因果關聯的問題[15]。吸菸與癌症的關係也是他確立的。希爾從帕特的研究得出一個論點，那就是兩個因素倘若高度相關，我們就更有理由宣稱因果關係存在。煙囪清潔工罹患陰囊癌比例極高更是如此，因爲我們很難看出有什麼第三因素在起作用。

我們還可以觀察另一項指標，希爾稱之爲一**致性**，也就是不同背景下能不能發現同一個相關？例如我們可以在不同國家調查接觸煤灰和陰囊癌是否高度相關？陰囊癌在波蘭清潔工身上的發生率是否相近？亞塞拜然呢？澳洲呢？假如我們在不同背景下發現一致性，就更有理由相信因果關係存在。一致性和隨機殊途同歸。你在許多背景下觀察到某一因素始終相關，其他可能的相關因素則毫無章法，缺乏一致。

希爾準則還有一項是**時序性**。我們都知道，時間上來說總是先因後果。兩個變數裡頭，先發生的那個絕對不會是果。因此，當假定的原因發生在觀察到的結果之前，它就可能眞的是因，而我們也就能排除因果關係是反過來的可能。帕特就是憑著這一點，才排除了接觸煤灰和陰囊癌高度相關是因爲陰囊癌會導致接觸煤灰，甚至導致某些人成爲煙囪清潔工。

從相關到因果，除了檢視相關強度和是否橫跨大量不同背景，還有一項參考指標，那就是兩個因素間的**劑量反應關係**。假如你觀察煙囪清潔工，發現他們接觸煤灰愈多，罹患陰囊癌的機率愈高，你就更有理由相信接觸煤灰會導致癌症。同理，假如罹患肺癌的機率會隨吸菸數量而增加，這就有助於支持吸菸是造成癌症的原因之一。當兩個因素爲因果關係，我們就可以預期會見到劑量反應關係。

下一個必須認識的指標，希爾稱之爲**合理性**。我們現有的知識裡，有沒有哪個機制可以解釋A會影響B？還是都沒有？假設你能想出一個合理的機制，解釋假定的原因如何造成觀察到的結果，例如講得出煤灰造成陰囊癌的生物機制，你就更有理由相信因果關係成立。

儘管我們一直拿煙囪清潔工當例子，不過這些無須進行關鍵實驗干預也能窺測因果關係的指標，顯然適用於許多情況。例如你想知道吸菸是否會致癌，雖然基於道德考量無法直接實驗，但還是能使用希爾準則。事實上，正是這些指標說服了大多數人，讓他們相信吸菸確實會致癌。假設我們發現吸菸和癌症高度相關，而且橫跨大量不同背景，劑量反應曲線（菸吸愈多，罹癌風險愈高）也成立，而且我們還知道有這樣一個生物機制可以解釋兩者的因果關係，那麼就算不做實驗，我們也能很有把握主張吸菸會致癌。

這些指標雖然是爲了處理日常狀況而設計，卻同樣能幫助我們解決開頭提到的天文物理學實例。假設我們有辦法確定，超大質量黑洞多數出現於宿主星系完全形成**之後**，這必然會削弱星系質量取決於超大質量黑洞的說法。

希爾還提出了其他指標。目前我們介紹了相關**強度**、不同背景下的一**致性**、原因變數與結果變數存在**劑量反應關係**、**時序性**及**合理性**，最後我們有時還能借助**類比性**，從某個領域推論到另一個領域。假設我們發現接觸煤灰會致癌，於是也想知道吸菸是否會導致癌症，這時有一種論證方式就是找出煤灰和菸對身體的作用機制有沒有可類比之處。

希爾認爲，他所提出的準則只是一些暫時概略的指標，可以指引我們在混沌世界尋找因果關係。儘管如此，這些指標已經成爲標準，經常被不同領域的研究者拿來當作因果推論的證據[16]。

單一因果與一般因果

截至目前，我們討論的都是所謂的一般因果，例如「吸菸致癌」或「愛帶來痛苦」等等，也就是一般因素（**吸菸**與**癌症**）之間的關係。隨機對照試驗和我們剛才討論的其他技巧，都是爲了確立一般因果而發展出來的。

但現在假設墨西哥灣出現大片油污，我們想知道原因是什麼。這類問題其實很重要。不論應該找誰賠償、由誰善後，都得先知道爲何會出現油污。假設有人表示，油污出現的主要原因是海底混凝土護牆破裂。這時，具體事件有兩個：混凝土護牆損壞和油污出現，而且一個是因、一個是果。

然而，這不是一般因果，不是兩**類**事物之間關係的問題。混凝土護牆損壞導致油污並非一般狀況都會成立。許多時候混凝土護牆壞了卻沒有出現油污。舉一個可能更令人難過的例子：假設有人發生車禍，被安全帶勒住脖子窒息死亡。遇到這種情況，你可以說安全帶導致死亡。但如果你說安全帶一般會導致死亡，那就不對了，因爲情況正好相反：安全帶能救人一命。

面對這些情況，你知道自己必須做什麼才能確立因果關係。你可以觀察灣面上的油污顆粒來自何方，觀察顆粒的流經路徑，從而發現油污的來源。當你可以從頭追溯到尾，從混凝土牆裂隙追溯到灣區海面，你就確立了源頭，而這便意味著護牆裂隙是油污的起因。儘管這也需要科學探究，但和隨機對照試驗非常不同。當我們詢問某個單一事件的具體原因，這和探究一般因果是不一樣的問題。

區別單一因果和一般因果爲何重要？因爲兩者都和因果有關，所以很容易讓人搞混該確立的是哪一個。我們不難想像有人會這樣主張：某家製造危險物品（如香菸）的公司不應該爲後果負責，因爲我們無法證明某個單一結果（如罹癌）是由某次使用該物品所造成的。這種說法就單一因果而言顯然正確，但就一般因果而言卻是錯的。觀察我們的社會對不同類型的因果主張如何反應，是很有意思的事。我們通常希望制定法規，防止基於一般因果而致有害後果的不負責行爲，例如設計不良導致許多人因燈具受傷。但我們也接受人因爲出於單一因果而致有害後果的不負責行爲而遭到起訴或責備，例如燈具沒有裝好導致砸到某人頭上。事實上，不論單一因果或一般因果，我們的法律都有成套的應對機制。

拉動因果槓桿——但要小心

一旦能確立因果，就等於打開了改變世界的大門，而且希望是讓世界變得更好，我們可以藉此治療疾病、解決飢荒、教育下一代。然而，貫穿本書的一個主題（也許可以說是核心主題？）就是我們必須有能力察覺自己哪裡可能出錯。我們對複雜情境下的因果關聯幾乎總是無法百分之百完全把握，因此需要方法來處理這種不確定性，以便依然能繼續往前，抓準適當時機採取合理行動。

這就讓我們來到三禧思維的下一個主題：機率思考。

第二部

理解不確定性

第四章
投奔機率思考

只要思考自己對實在知道多少，立刻就會明白兩件事：我們有很多事不知道，還有很多事仍然不確定。不確定會令人焦慮。身爲人類，我們生理上有求生本能：如果不曉得森林裡藏著什麼，進去時最好小心一點。不過，知道自己不知道什麼或只部分知道什麼，其實對生存也很重要，更影響了我們是否能活得好。這就讓我們來到科學思維裡或許是最根本的一種思考模式，也是三禧思維的關鍵：有效運用不確定性，讓我們對行動更有信心。

面對這個我們只知道部分而非全部的實在，科學給出了一個完全不同的思考角度，讓我們的想法從只能處理自己百分之百確定的事，變成如果能處理確定程度不同的事，我們其實會更成功。除此之外，在這個可取得的證據往往無法給出百分百答案的世界上，光是明白信心有程度之分，就比堅持追求明確答案還有用得多。

假設你去坡道滑雪，但膝蓋固定、姿勢不變，完全不調整重心或彎曲雙腿，感覺注定會是一場災難。滑雪要不摔跤，你需要的穩定是不斷讓身體重心在兩腿之間移動，也就是所謂的**動態**平衡。同樣的道理，當我們需要依據對實在的理解做決定時，其實不必要求自己目前所信的一切必須爲眞，而是相信其中某些事情多一些、某些事情少一些，並隨著自己對世界的新認識而調整，以便必要時修改我們的決定。這是科學最重要、卻也是最少被人提及的絕招，我們稱之爲機率思考。這個絕招讓我們心智上有足夠的彈性，得以靈活應對理解世界時的「不確定性」坡道。

投奔機率思考進展緩慢，離完成還很遙遠。許多人仍然堅守不堪一擊的二元觀，認爲經驗命題*（從新藥效力、飲食計畫到刑事司法政策等等）非對即錯。在他們眼中，只要有一個反例，例如「我舅舅打了疫苗還是得了流感」，就足以讓原始主張完全不值採信。這或許是讓提出主張的科學家如此尷尬的原因之一。

科學家已經擺脫這種非黑即白的思考方式，建立了一套可以提出任何帶有暫時性質的主張的文化，而這種暫時性——認定每個命題都有一定程度的不確定——正是科學之所以強大的主因之一。它讓我們不會執著於當下擁有的特定想法，不需要倚靠自己所有想法都是對的來證明自己，從而保有餘裕，即使有時宣稱「我很有把握這個理論切中實際狀況」，結果錯了，依然可以當個自豪自信的科學家。用滑雪的比喻來說，就是針對不同命題給予不同強度的信心（其爲眞的機率）。與其追求自己永遠是對的（這不可能），還不如將目標擺在大略判斷自己對某件事有多少信心上。就像滑雪者學會往前看，以減少不樂見的意外，科學家藉由承認不確定性，一樣學會了向前看，尋找自己可能出錯的原因。這種機率觀是三禧思維的基本要件，能帶給我們許多好處與能力。我們可以將它想成一種柔術動作，一種化弱點（不確定性）爲力量的招數。

科學家學會了幾個表達不確定的好習慣。首先是盡量用數字來量化自己的預測。這個數字就是機率。假設你在谷歌搜尋「灣區發生大地震的機率」——我們其實比自己願意承認的更常搜尋這類問題——會見到類似敘述：「未來三十年內，舊金山地區發生規模六點七強震的機率是百分之七十二」[17]。某方面來說，這個敘述顯示了我們對地震發生的可能其實相當沒有警覺，但它也透露了大量知識。這個敘述告訴我們，科學家建構模型時顯然以時間（所以才有「未來三十年」）和地點（「舊金山地區」）爲向度，而「六點七」這個明確得詭異的數字，則代表科學家可能有某種理由（例如理論特性或現有資料），才會選這個數字爲參照點。

＊編註：empirical claim，或譯爲「實證主張」，意指基於實際經驗或觀察得出的，可以驗證其眞僞的陳述。

就算科學家想表達自己對某件事爲眞超級有信心，認爲它絕對肯定顯然爲眞，也會因所受的訓練而難以說出「對，百分之百，這件事絕對肯定顯然爲眞」，而是可能說他們有百分之九十九，甚至百分之九十九點九九九九的信心水準說自己對某件事有百分之九十九點九九九九的信心水準，基本上等於說「我願意拿生命擔保這件事爲眞」，但也表示「我知道自己還是有可能錯」。能放下絕對肯定句，是擁有機率思考這項超能力的首要關鍵（或許我看過的天鵝都是白的，但「就算見到再多白天鵝，也不足以推斷所有天鵝都是白的。而只要見到一隻黑天鵝，就足以反駁這個推斷」。此一說法出自十九世紀哲學家約翰．彌爾之口，目的在闡述大衛．休謨的論點，塔雷伯在《隨機騙局》書中借用時顯然改寫過[18]）。

當然，我們對許多事都沒有百分之九十九點九九九九的信心，而科學最有貢獻之處，其實就在於不斷修正現有知識、學習和發現新事物，因爲世界本身是動態的，我們仍然不斷對它的運作方式感到驚奇。我們好不容易明白一件事：我們對世界的知識是一個持續修正的過程。我們需要一種可以表達這份認知的敘述方式，讓我們說出「我眞的認爲這個對世界運作方式的看法很可能正確；事實上，我認爲它爲眞的機率是八七％」這樣的話。我們還需要可以表達更強懷疑的敘述方式，例如「我認爲這個理論正確的機率只有五一％」。能用零到百分之一百的數值表達信

【圖表4-1】

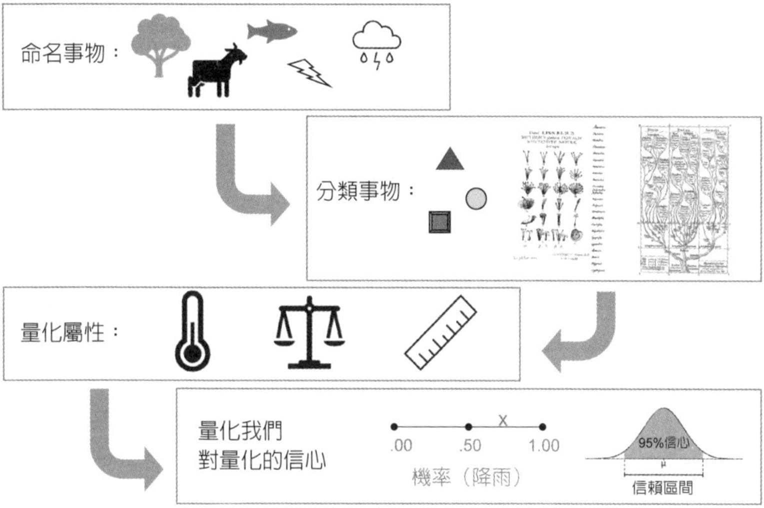

心，是一套應對世界的科學工具，而且我們所有人都可以使用（稍後會談到科學家計算信心的方法）。

想想過去幾百年來，爲了更理解世界、更有效應對世界，我們一步步發展出愈來愈完整的描述方法，而機率思考則是最新的工具，這點實在很有意思。我們首先做的是命名事物，然後開始分門別類，將事物分成不同類別與層級。接著，我們想出測量等方法來量化事物的屬性，現在竟然開始量化我們對這些量化的信心！（圖表4-1）

化不確定爲力量

機率思考爲何如此重要？最明顯的原因，或許是它讓我們得以自如應用片面資訊。假設你想用螺栓固定的方式造橋，可是曉得螺栓可能斷裂。但只要知道螺栓在橋梁壽命期內斷裂的**機率**，你就可以放心造橋，只需要確定所有關鍵接點都拴了夠多螺栓，讓你敢用性命擔保，單一接點螺栓**全數**斷裂的機率微乎其微，這就行了。（說得更直白一點，你用性命擔保的是只要沒斷的螺栓**夠多**，橋梁結構強度就能維持。但你最好找位好工程師搞定這一點！）少了這個機率資訊可用，你就無計可施。你無法相信自己蓋出的橋梁，因爲我們生活的眞實物理世界幾乎沒有哪個方面可以給出完美保證。學會現代工程所用的這些機率技巧，讓我們從此打破過去的極限，開啓了眞正建造事物的各種可能。

機率思考還有一個很不明顯但更強大的好處，就是讓科學家出錯還能適度保住面子，因爲這種出錯方式不會讓他們失去可信度——身爲科學家，他們所說的每句話幾乎都多少帶有不確定性。而且，這種技巧不是只對科學家有好處。

就算事後證明自己錯了也還有方法適度保住面子，這件事意想不到地重要。打從童年初期開始，保住面子的需求就已經根深蒂固。一項針對兩歲幼童說謊的研究指出[19]，幼童說謊的最大動機顯然是想保住面子，不讓別人發現他們做錯了什麼。例如，其中一名兩歲幼童被問到「爸爸在哪裡」時，回答「爸爸在樓上」。但當他聽見爸爸在後門外，就說「我還有一個爸爸在樓上」，但他並沒有另一個爸爸。這名兩歲幼童是想保住面子嗎？這類事情我們其實不會高標準要求兩歲小孩，但人類顯然有一股強大的驅力，不想被發現犯錯。

將這個兩歲幼童的故事和一位曾跟珀爾馬特共事的物理學家的故事擺在一起，會是很有趣的對比。這位備受敬重的物理學家發現過類似磁性版帶電粒子的物體，也就是所謂的磁單極子。假如爲眞，這將是破天荒的發現，因爲我們找得到只帶正電和只帶負電的粒子，卻找不到只有北極或只有南極的粒子。帶磁粒子似乎永遠南北極並存，我們玩磁鐵的經驗也是如此。

這位找到疑似磁單極子的科學家發表了自己的發現。他以我們建議的方式報告了他的研究成果：呈現自己的觀察所得，提出他發現的粒子「可能不是」磁單極子的理由，提供粒子鑑別的相關機率，最後簡單結論「事實強烈支持所發現的粒子爲磁單極子……」但隨著更仔細、完整的分析出爐，顯示所發現的粒子雖然出奇神祕，卻很不符合磁單極子的特徵，因此是磁單極子的機率愈來愈低。後來，這位科學家和他的研究團隊在另一篇論文清楚表明他們改變了主意，不再認爲發現了磁單極子[20]。

然而，這位教授的科學家名聲並未因此受損，因爲他以科學、機率的方式表達：「這些是我們的數據，而這是考慮到觀察所得可能來自其他粒子仿效行爲的可能性後，我們有證據相信那是磁單極子的機率。」結果顯然是其他粒子搞的鬼，但是這位物理學家的科學表達方式挽救了局面，因爲他始終沒有假裝自己百分之百確定，從而保留了不會因事後說自己錯了而失去公信力的餘裕。

科學家爲了解釋事件，經常得借助這個世界可能發生但實際沒有發生的情況與事件。他們一般用「反事實」來稱呼這類可能性。反事實可以讓我們將想測試的情況和可能並非事實的情況相比較。我們通常會憑目前所知的一切，**假定**某個事件或情況是反事實，但無法百分百確定。「假定反事實」的推理方式雖然聽起來陌生，其實非科學家天天在做，例如你說：「我得趕回家遛狗，因爲我太太去旅行了，而我假定她飛機提早到達所以已經在家的可能性很低，而且眞的沒有發生！」

假如你懂機率思考，就更可能認眞考慮這樣的假定反事實：「嗯，好吧，我很確定是這樣沒錯。我可能百分之九十確定。但要是我搞錯了，那會怎樣？」當情況是遛狗，這個問題可能不是太重要，但換作其他情況卻可能帶來（也眞的帶來過）有趣的科學結果。因此，將「假定反事實」當成「其他情況」，並認眞考慮這些情況確實反映實在的機率，就成為很有用的做法。

有個練習，不僅可以讓你體會每回提出主張或在圖上標一個點時，能量化自己的信心強度有多重要，還能將這個方法融入到你做的幾乎每一件事裡。我們希望你能根據自己對發言內容真實性的信心水準，來一場真正的對話。你可以挑選任何主題，只要這個主題有許多不同意見就好。例如，假設你和一群朋友正在討論，幼稚園到中學增加標準化測驗的比例是讓教學品質變好，還是變壞。討論過程中，只要有人提出有真假可言的主張，就要立刻補上零到一百之間的一個數字，代表他們目前對這個主張為真的信心強度。萬一有人忘記這樣做，其餘夥伴就要打斷他，要他補上信心值才能往下說。有時停下來討論你不是那麼有信心的事也很有意思。譬如你對自己剛才那句話的信心水準遠低於九五%，這時就可以問自己：「萬一我是錯的，最可能出錯的地方在哪裡？而我該問什麼問題，才能對我不知道的事情知道更多？」

一旦找到可以忍受這樣討論事情的朋友，你們或許會察覺有趣的事發生了，而且和主題一點關係也沒有。嘗試過這種方法的學生表示，每當發言者給自己的話很高的信心強度，就更有壓力提出證據。此外，每當我們聽到別人給出的信心值後，往往也會修改我們自己的信心值。討論過程中，信心水準經常從九〇%左右往下降，發言者也愈來愈謹愼。有些討論小組發現，一旦發言者意識到他們對自己一開始很有把握的話其實不是那麼確定，信心水準最後大多會落在六〇到七五％之間。參與者還會發現，發言內容的明確程度和他們給出的信心值成反比：當我們擁有的資訊不是那麼詳盡，往往會對空泛模糊的主張比較有信心（因爲沒有被框限在某個版本的眞理中），對詳細明確的主張反倒比較沒有信心。

這些發現點出了一個很重要的問題：要是我們社會的人都這樣討論事情，會不會改變討論的進行？會不會讓參與者更懂得聆聽他人？對自己的發言更謹愼？更願意考慮其他情況？或許接下來兩天吃晚餐的時候，你應該強迫同桌的人一起進行這種討論，看看會發生什麼。要是你覺得這樣做會沒有人跟你吃晚餐，或許試個兩輪就好，看看討論氣氛會不會和以前不一樣，尤其辯論主題很有趣的時候。

絕對誠實

當你參與這種討論，甚至只是從旁觀察，都可能不禁感覺使用信心水準是一種主動坦誠的做法，公開透露你對每個論點的理解是強是弱。在物理學家的文化裡（每個科學領域都有自己的文化！），提供測量值卻沒有指出信賴區間，幾乎就等於**不誠實**。

當然，科學家在現實生活中參與這類以信心水準為依歸的討論時，對於信心值來源的要求通常更高：只要可能，他們一定使用統計方法，而不是憑直覺猜。事實上，科學家在任何實驗裡都會花費大量心力，設計出計算與表達不確定度的原則方法。

因此，你不會說自己某天晚上測量到的地球到月亮距離是二十二萬九千七百三十三英里，而是二十二萬九千七百三十三英里加減九英里，意思是「我有百分之六十八的信心，那天晚上地月距離介於二十二萬九千七百二十四英里（七三三減九）到二十二萬九千七百四十二英里（七三三加九）之間」。這個加減範圍有時稱作信賴區間，會在圖表裡以誤差線的形式標示出來，顯示答案可能在圖點上或下多遠。【圖表4-2】是一張地月距離測量圖，供不常在圖表上見到誤差線的讀者參考。

有一陣子，諾貝爾物理學獎得主阿爾瓦雷茲（Luis Alvarez）每週一晚上會在柏克萊後山上的家裡舉辦討論會。他會邀請一位物理學家介紹自己目前的研究，通常是正巧造訪柏克萊的知名教授或參與國際物理實驗的重要成員。阿爾瓦雷茲會坐在他的大扶手椅上，而教授、學生、博士後研究生和科學家則是一排排坐在客廳的折疊

【圖表4-2】

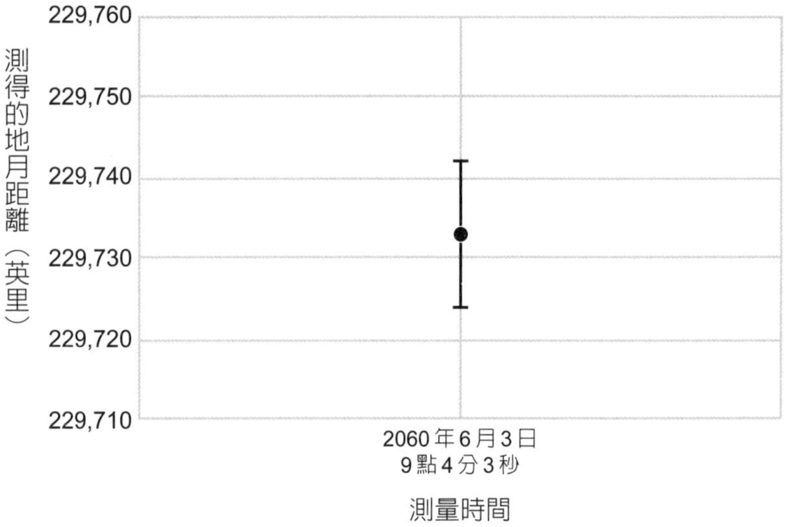

椅上。他通常不會讓講者好過，總是提出不好回答的問題。珀爾馬特至今依然記得有一天晚上，所有人正襟危坐，當週的講者起身在投影片上秀了一張圖表。

阿爾瓦雷茲問：「圖表上的誤差線是怎麼來的？」

講者說他不是很確定。

阿爾瓦雷茲：「欸，既然你不了解自己圖上的誤差線，我想也就不用聽下去了。」說完他就叫停了演講。

其他人說：「哎，別這樣嘛，讓他好好講完。」但阿爾瓦雷茲拒絕了。

阿爾瓦雷茲的做法或許是「物理學家文化」的極致。在他眼中，不知道測量值的不確定度就等於不知道這個值可能錯的程度，因此基本上這個值什麼也沒有告訴我們。（或許從前的物理學家對同行比較嚴苛，即使阿爾瓦雷茲是極端的特例！）

另一個比較逗趣的例子：珀爾馬特記得他還參加過一場三天的宇宙學工作坊，其間科學家用開玩笑的口吻，分享自己如果得不到好的定量推估，會怎麼表達不同結果的信心水準。他們的說法從「我敢用性命擔保」「我敢拿房子擔保」到「我敢拿我的沙鼠擔保」都有，甚至還說：「我敢拿你的沙鼠擔保！」

做決定的後果

上一節闡述了評估與表達對自己發言的信心強度，能幫助你更懂得適時改變想法，更容易留意平常不會注意的可能性。這樣做能讓你更恰當地評估片面知識，更有效地討論，即使之後改變看法或承認出錯也可以保住面子與名聲。不過，量化信心水準還有更多實際用途。假設你是陪審團成員，目擊證人指認嫌犯就是闖空門的小偷。你對這項指認的信心水準要到多高，才會投票判嫌犯有罪入獄？下一章會介紹計算信心水準比較好和比較差的方法，但我們先假設你很確定自己對目擊證人正確指認嫌犯的信心水準（假設從零到百分之九十九點九九九）是多少。你一旦選擇一個數字作爲判定嫌犯有罪所需的信心水準，就會發現這些數值可不是鬧著玩的。

再舉一個幾乎每天都會遇到的實際例子：假設你是加州大學柏克萊分校學生，每天必須穿越赫斯特大道才能到學校（把大學換成你上班的公司、街名換成你必須穿越的街道名稱完全沒問題），你覺得自己上學穿越赫斯特大道被車撞的機率有多高？A：大約千分之一；B：大約十萬分之一；C：大約一千萬分之一；D：大約十億分之一；E：大約一千億分之一。

大多數人應該會選被車撞的機率是十萬分之一。但讓我們更仔細想想這個數字。你有多常過這條馬路？可能每天兩、三次。這表示你每年穿越這條馬路將近一千次，每次都有被車撞的可能。假設你這輩子每天都會過這條馬路，而我們都覺得自己會活一百歲，對吧？所以，你每年會冒一千次被車撞的危險，一百年就是十萬次。假設被車撞的機率是十萬分之一，這個數字現在看起來就很不妙了。你過馬路很可能被車撞！

很少有人會希望自己死在上學過馬路被車撞。因此，假設我們每天都得過幾次馬路，絕大多數人都該只選被撞機率小於十萬分之一的馬路穿越才對（以確保我們這輩子不被車撞的機率高於九九%）。重點是你對信心水準的量化評估影響很大，而你可以根據這個數值決定如何行動。

政治與確定性

評估與表達對自己發言的信心強度永遠都是好事嗎？我們立刻會想到一個問題：假如政治人物發言也用信心強度表達，結果會怎樣？假設總統針對新的醫療改革政策方案發表重要演說，哪一個說法會讓你對醫療改革更有信心？

A：我提出的方案是正確的，對國家最好。

B：我認爲我提出的方案是最可能正確的，但我無法保證會奏效。事實上，我認爲奏效機率只有百分之七十五，但目前提出的其他方案成功機率都遠比這更小。

我們很少聽到政治人物說出B那樣的話。我們猜這是因爲所有政治顧問都會告訴你，這種說法很難期望拿高票，而他們可能舉出的理由是，絕大多數選民都期望總統有如我們兩歲時的父母那樣無所不能。我們可能都還記得自己曾經隱約相信爸爸媽媽永遠知道正確答案，什麼問題都能解決。比起我們，他們那時懂得好多好多。長大之後，許多人都希望讓眞正的專家、我們永遠能信任的人擔任領導者（如總統），可以讓我們重溫兒時感受過的那種安全感。

然而，對我們三位作者而言，對閱讀本書的你們或許也是，說法 B 反而令人耳目一新，對吧？畢竟說法 A 我們已經聽過太多次了，而我們也已經體驗到，有人說他知道答案，而且一定正確，並不代表他說的就是對的。B 那種說法會讓我們感覺這個人眞的有考慮到問題的複雜性，曉得第一次就正確的機率高低。身爲納稅人，我們寧願見到全世界的政治語言都像說法 B，因爲它展現了學習與調整的空間。但一般人顯然不會因此就說「嘿，這才是我想投的候選人」，至少目前還不是。而我們敢說接下來幾年，當愈來愈多人讀完這本書，肯定會有明理的公民開始改變！

講到這裡，機率思考對三禧思維如此重要的理由應該很明顯了。就算我們改變想法，之前的主張證明是錯的，還是能保住顏面。我們可以考慮其他情況，不死守某一種對實在的期望；可以對自己知道什麼、不知道什麼完全坦誠，並引以爲傲。更好的是，就算我們介於完全知道與完全不知道之間，也可以誠實地用數字表達自己發言爲眞的可能性有多高。我們和別人討論事情可以少一點防禦、多一點開放，可以有效運用不確定的知識，主動尋求可能讓我們改變直覺看法的資訊。甚至能依據這些機率數字做出有效決定，不論是讓被告獲釋或定罪，或只是過個馬路。

好處還遠不只如此。機率思考好比三禧思維的瑞士刀，可以有上千種用途，增加你在任何地方生存壯大的機會。前面幾章，我們討論了如何愈來愈理解世界的實際樣貌、它由什麼組成，以及讓我們得以改變世界（希望是讓它變好）的因果關係是什麼。機率評估反映了人類不完美的理解與實際共享實在之間的關係。最後，用隨機對照試驗檢視因果關係（或使用希爾準則）則是一套量化工具，讓我們用數字來評估某個因果關係正確描述世界的機率。當我們將大量機率知識捆在一起，形成對實在的科學理解，就好比將木頭捆成木筏，這些知識就會相互支持，讓我們對其中某些捆得很緊的部分更有信心。反之，由信心強度不足的木材捆成的那部分木筏則可能讓我們起疑，我們對那部分實在的理解可能是錯的。

我們一再強調，人對世界如何構成及其因果關係的理解充滿了不確定性。有趣的是，實在似乎本身就具備不確定性。即使我們完全理解某個系統如何運作，譬如鄰近的恆星，這個系統的行爲似乎仍然有著拋硬幣般的隨機性，例如這顆恆星是否會在十年內爆炸爲超新星等等。又譬如另一個更令人擔心的狀況，下一場摧毀我們電網的太陽大風暴何時會發生？未來十年？還是下個世紀？（一八五九年曾經發生太陽大風暴，上世紀發生過幾次比較小的太陽風暴，但還是造成輸電網路中斷，例如一九二一和一九八九年。）同理，我們有時不曉得某個症狀用某個療法是否有效，但我們有很強的信心（百分之九十八）它有百分之七十的機率管用。面對世界固有的這些隨機性，我們可以使用機率思考來找出風險、排列風險大小和管理風險。

我們生活的這個世界充滿了未解答的問題，書本上也找不到題解，確保我們搞懂世間萬物如何運作。能根據基於信心水準的機率思考來行動至關重要，是我們力量與效能的來源。因此，學會精進使用這些機率工具的能力，改善做出的信心水準估計，對我們個人就特別重要。還有一件事也很重要，那就是了解爲我們提供意見的專家如何使用這些工具，**他們**自己估計信心水準有多準確，以及他們有多持續努力校正自己對信心水準的估計。

培養校正信心水準的能力，了解專家校正信心水準的方法（或沒有方法），這兩件事是機率思考的核心，也是下一章的主題。

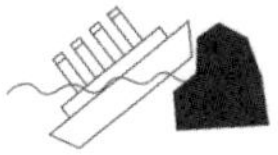

第五章
過度自信與謙卑

上一章，我們提到機率思考是科學思維的一大進展，並且指出信心水準是機率思考的一個例子。但我們會見到，能力再出眾的科學家有時也會忽略了不確定性。二〇二〇年七月，一位備受敬重的科學家在推特預測「美國新冠疫情四週就會結束，通報死亡總人數十七萬以下」。事後諸葛，我們可以說他預測錯了，而且錯得離譜，因爲本書撰寫之時，美國的新冠疫情顯然還沒結束，造成的生命損失更超過了一百萬人。但舉這個例子不是因爲事實證明這位專家錯了，而是因爲他完全沒提信心值（「我有百分之八十的信心……」），甚至連自己的理論可能不完整或錯誤都沒說，連隱約提及也沒有。

有兩點或許值得一提，那就是這位專家提供的意見並非他的主要專業領域，而且是在推特上發表的。我們（至少有百分之七十五的信心）認爲，他如果在專業期刊談論傳染病或公衛議題，對象是其他同行，表達意見應該會謹慎許多，否則期刊編輯或審稿人一定會要求他爲自己的主張給出夠強的信心水準，不然就得撤回意見。有些人可能會放這位專家一馬，說：「哎呀，他又不是在工作時寫的，而且所有人都曉得，你在推特上想說什麼都沒問題。」但你不妨自問：全世界有多少人會在那份專業期刊上看到他的主張？肯定比在推特上看到他意見（而且轉推）的人少很多吧？這時最好想想哲學家休謨的另一句名言：「智者……有幾分證據就信到幾分。」

專家過度自信可能後果慘重。一九八六年，美國挑戰者號太空梭爆炸，調查發現太空總署曾預測十萬次發射會有一次出問題，和上一章提到穿越赫斯特大道被車撞的機率差不多。但其他證據顯示，太空總署本身就有強力證據指出這個預測太樂觀。發射五年前，總署內的專家就在報告裡提到，根據過往紀錄，推送挑戰者號上軌道的固體燃料火箭平均每五十七次會出事一次。由於太空梭每次升空得使用兩個火箭，假設故障率不變，那麼每二十八或二十九次發射就可能出狀況一次。挑戰者號是第二十五次，而它也幾乎照預測所說的出事了。因此，組織內肯定有某些狀況，才會將相當悲觀的風險評估轉成樂觀許多、而且顯然不切實際的評估[21]。

二十世紀中葉，理論物理學家朗道（Lev Landau）對科學家的專家過度自信做過一針見血的描述：「宇宙學家經常犯錯，卻從不疑有錯。」這或許有些誇大，畢竟科學家有時的確會撤回主張[22]。例如，二〇一〇年曾有二十三位專家寫了一封公開信給當時的美國聯準會主席柏南克，指出他的量化寬鬆政策將導致「貨幣貶值與通貨膨脹」。四年後，所有人都知道這項預測錯了。兩名記者聯繫了這二十三位專家，其中十四人拒絕評論，其餘則回覆他們的看法沒有改變[23]。曾獲諾貝爾經濟學獎的克魯曼嘲諷過這群專家，而他自己在二〇二二年初倒是比較坦然，公開承認自己預言拜登總統二〇二一年的刺激經濟方案會導致高通膨是錯的。「我不想跟那些人一樣，因此目前正在花時間了解，我去年初對通膨的淺見為何被後來的事件駁倒。」不過，克魯曼依然堅稱他的分析基本上沒錯，是新冠疫情擾亂了慣常的經濟模式[24]（經濟學很不好搞，連寫分析都很難。儘管克魯曼低估了通膨幅度，但目前學界對於刺激經濟方案的具體影響依然沒有定論）。

智識謙卑的重要

由於這些前車之鑑，專家權威在第三千禧年的課題就是培養所謂的智識（或認識論上）的謙卑。心理學家利瑞（Mark Leary）多年來研究這項特質，發現智識謙卑的人「更關心事實陳述的證據強度」，也「更有興趣了解人為何對事實陳述看法有出入」[25]。他指出，「不同文化重視公開與彈性的程度不同，接受不確定與模稜兩可的程度也不同」。

矽谷便是以坦然面對錯誤的文化而著稱，當地流行一句口號「快快失敗、常常失敗」就是證明。當然，這句話不是鼓勵失敗，而是強調失敗爲尖端科技創業之母。許多科學家也有類似見解。他們認爲任何研究生做實驗都一定會犯錯，因此最好的做法就是盡快取得大量研究經驗，才能愈快擺脫這一關。

最近心理學界一群年輕科學家開始提倡認錯文化，發起「失去信心」計畫，記下自己過去提出但現在存疑的研究。他們還匿名調查了三百一十五位科學家，發現有四四％的受訪者對自己發表過的至少一項研究存疑。但他們大多沒有坦言自己已經失去信心，就算有說，也只是在當初發表研究的期刊以外的地方坦白這件事[26]。

校正信心水準

如同先前所言，科學證據只能提供機率，而非絕對的確定性，因此期待專家**不出錯**不但愚蠢，也不公平。專家就算做得再完美，有時仍會出錯。不過，期待專家**校正**自己卻很合理。

所謂「校正」是什麼意思？專家提出某個事件的機率後，我們就能檢視各種情況，看專家的預測是否符合事件頻率。假設專家斷言「這是腦腫瘤」，我們就可以要求他們量化斷言爲眞的機率。專家提出數字後，我們就可以要求他們寫出有百分之九十五的信心會包含正確値的預測範圍。

當結果出爐，證實專家做預測時的信心水準與正確率相符，那就是校正良好。我們教學生什麼是校正良好時，通常會問一些二選一的問題，例如：「哪一條運河比較長？巴拿馬或蘇黎世運河[27]？」很少有學生查過資料並記得答案。但我們問這種問題，不是爲了研究學生記得多少「冷知識」，而是想知道他們對自己的答案有幾分信心。當他們提出的信心水準和正確率相符，就是校正完美。譬如你給出的信心水準是百分之五十，那預測答案最後應該半數正確、半數錯誤。當你給出的信心水準是百分之百，就代表你應該次次都正確。當正確率低於你給出的信心水準，你就是過度自信，低估了自己的無知程度。

【圖表5-1】是我們多年來讓學生做校正練習的結果。當學生給出信心水準爲百分之五十，基本上等於說他們是用猜的，通常正確率會略高於百分之五十，可能因爲他們知道的比他們以爲的多。但當學生對自己的答案愈來愈有信心，正確率往往比他們以爲的低。這種清楚顯示過度自信的「經典」校正模式，在許多不同群體、不同研究裡都反覆可見[28]。

【圖表5-1】

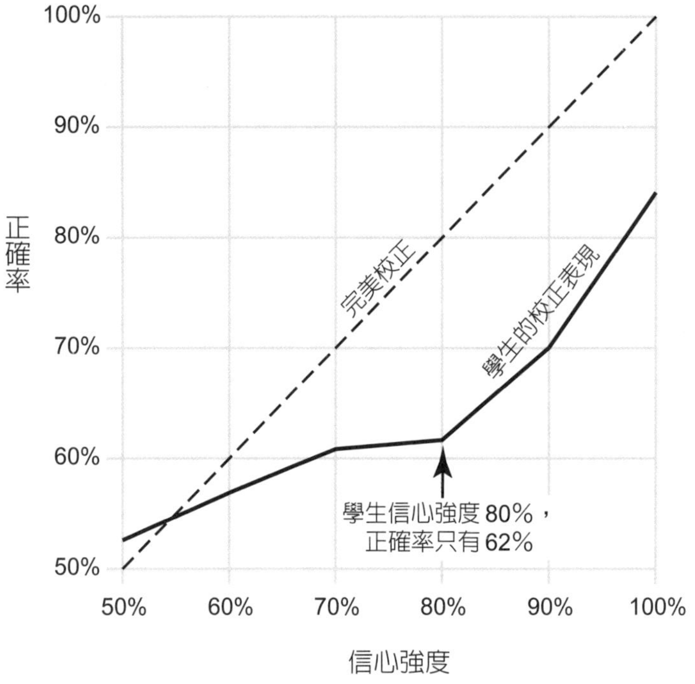

專家判斷有時也會出現這種「過度自信」的校正失誤。二○○○年代初，研究人員調查了德國股市預測者的過度自信程度。他們請三百五十位財經專家以按月滾動的方式預測德國DAX指數（德國版的道瓊指數）未來六個月的變化，並重點要求每位專家爲自己的每次預測給出百分之九十信心水準的信賴區間，也就是他們認爲DAX指數實際值十次有九次會落在的範圍[29]。調查結果發現：DAX指數每個月的實際值都完全落在許多專家半年前給出的信賴區間之外。事實上，在長達二十六個月的調查期間內，信賴區間確實涵蓋當月DAX實際值的專家不到半數。這群專家裡，不僅許多人對德國股市走向完全判斷錯誤，而且也不擅長估計自己可能的錯誤程度。

上一句話其實表達了校正概念的核心。校正除了包含知識（例如用來預測六個月後DAX指數的知識），還包含後設知識，也就是關於知識的知識。事後證明給出信賴區間過窄的德國財經專家，就是後設知識不足，他們不曉得自己有多少事情不知道。要是他們提升後設知識，也就是校正自己的信賴區間，就可以做得更好[30]。

另外一個例子出自泰特洛克（Phil Tetlock）對外交政策專家的研究。這些專家的預測對公共政策影響深遠。從美國國會分配軍事預算，到總統制定外交、經濟、軍事策略及協商條約內容，都會部分參考專家的預測與推斷。專家對自己的預測愈有信心，國會議員與總統就愈容易受影響。泰特洛克的研究顯示，我們必須謹慎看待這類預測。他請數百名外交政策專家預測五年和十年後的事件，例如：「普丁二〇一六年還會是俄國總統嗎？」他還請受訪專家針對每項預測給出信心強度，從一到九。結果，他發現兩個壞消息：首先，專家預測的準確度不比直接拋硬幣高多少。

其次，準確度和專家給出的信心強度基本上毫不相關。事後證實正確的預測，平均信心強度爲六．五到七．六；事後證實錯誤的預測，平均信心強度爲六．三到七．一，兩者沒有顯著差異。預測錯誤的專家對自己的預測就和預測正確的專家一樣有信心。換句話說，外交政策專家對自己的預測有多少信心，完全不適合當成該不該採信其預測的指標[31]。

我們或許會認爲，物理學家等自然科學家比社會科學家更善於校正信心強度，尤其當他們研究的是無關政治的自然界性質。畢竟自然科學家滿手資料，加上次數分配等工具，還有先進的統計公式，可以輸入大量資料，得出精確的信賴區間。然而，這些「硬」科學的學者過去推算信心水準時，往往和財經或外交政策專家一樣，很難判斷恰當值爲何。

有趣的是，我們會知道自然科學家有這個問題，是因爲自然科學家特別想知道自己給出的信心值校正程度如何，因此已經研究和追蹤這個問題幾十年了。物理學是最早面對超大量資料的科學領域之一，物理學家也早已習慣和全球其他同行合作與競爭。因此，一九五〇年代末到一九六〇年代初，物理學家開始蒐集、比較與綜合自己的測量結果，以及信心值估計。他們很快就發現信心不對稱的跡象。比方說，在確定光速或電子質量等物理常數的精確值時，物理學家照理應該對一開始的量測值很不確定，之後才逐漸對自己的估計愈來愈有信心。換句話說，誤差線一開始應該非常寬，每做一次新研究就變短一點，每次量出的常數值應該落在前一個量測值的誤差範圍內。但事實並非如此。當物理學家將一八七〇年代至一九六〇年代的光速估計值繪製成圖，立刻發現數值起伏不定，經常發生某次研究做出的估計值完全落在前一次研究的誤差範圍外。其他物理常數的估計值也有這種不一致或不規則的模式，包括反精細結構常數、普朗克常數、電子電荷、電子質量及亞佛加厥常數等等。

當然，這些科學家都相信**他們的**成果很接近最終事實。例如一九四一年，物理學家伯奇（Raymond Birge）就寫道：「經過一段漫長、時而混亂的歷程，光速值終於來到一個相當令人滿意的『穩定』狀態。」[32]但沒多久，大多數的光速估計值就開始遠高於伯奇的估計值，而且離他給出的信賴區間很遠。目前的估計值信心水準很高，同樣和伯奇的「穩定狀態」相距甚遠[33]。

物理學家見到自己人估計信心水準這麼失敗，從此便對簡單的圈內估計值格外謹慎，開始要求對測量結果做更多交叉比較，以衡量不確定度；對於聲稱的科學發現是否成立，標準也變嚴許多。儘管如此，物理實驗學家教給學生最大的一課，就是後人**還是會**對自己的測量過度自信！

即使過度自信是人的天性，我們還是能在校正方面有所改進，而且有些時候甚至可以做得相當好。綜觀校正信心水準是工作必要部分的專業領域，就會發現氣象學家做短期預測的校正好得驚人。檢視氣象預報員預測隔日降雨機率爲八〇％的所有次數就會發現，隔日確實有雨的機率就是大約八〇％。他們的校正爲何如此出色？關鍵或許在於氣象學家做出預測後會不斷立即得到回饋，而且他們的專業聲望取決於後設知識（即校正）的程度不下於專業知識（準確）[34]。

任何專業或領域，職業要求、社會與文化都會左右人對自己所知事物的判斷。了解你自己的專業或領域校正信心水準會受哪些力量影響，或許可以幫助你找到和對抗悄悄讓你過度自信的力量。就這點來說，我們應該努力仿效ＩＢＭ的超級電腦華森。華森曾因擊敗美國電視益智節目《危險邊緣》的頂尖參賽者而知名。它能做到這一點，不僅因爲它擁有維基百科般的浩瀚知識，還因爲具備敏銳的後設知識。

後設知識在《危險邊緣》的競賽裡非常重要，因爲每次主持人提出一個「答案」，就只有一位參賽者能搶到機會說出正確的「問題」，也就是第一個按鈴的人。由於說錯「問題」會受懲罰，故能大幅壓低參賽者「先按鈴再說」的心態，只有知道或覺得自己知道正確「問題」才會按鈴。誰能快速判斷自己是否知道正確「問題」，誰就會是贏家，而華森的程式設定讓它在這件事上做得又快又好。基本上，華森等於告訴我們：「這種情況你最好相信我，另一種情況沒什麼理由相信我。」以專家的角色而言，能做到這點非常寶貴[35]。

對別人的信心多有信心？

爲了徹底理解專家的過度自信，我們必須了解一般人如何使用專家的預測與評估，也就是從「觀察者」的角度去看，例如聽醫生評估手術風險的患者、考量目擊者證詞的陪審員、根據理財顧問的股市預測行動的投資人等等。當我們檢視這些例子，調查一般人根據哪些線索判斷要不要相信某位專家，就會發現專家展現信心是首要因素之一。顧問、目擊證人或專家愈有信心，愈讓人覺得可信。

刑事審判就是這樣一種互動場合。陪審員聽取目擊者證詞，並得判斷他們是否可信。這時目擊者就是「專家」，而陪審員是「觀察員」。爲了研究觀察者使用哪些線索判斷可信度，心理學家找人在公開場所演出犯罪事件，然後召集實際目擊「犯罪」的人，讓他們在充當陪審員的人面前作證，結果發現陪審員判斷目擊者的可信度和他們覺得目擊者有多少信心呈高度正相關，顯示陪審員可能很仰賴證人的信心來判斷「我該不該相信這個人？」[36]。

不過，問題來了：我們都知道，有信心不是預測或評估正確的可靠指標。只憑專家（親口表達或讓人感覺）的自信來判斷其可信度，往往可能會被誤導，做出拙劣的決定，陪審員可能會將無辜之人送進監獄，投資者可能會選錯股票，患者可能會選錯手術導致併發症，只因他們將信心當成判斷對方可信或正確與否的線索。

幸好，證據顯示這種偏誤是可化解的。當心理學研究證明很有自信的預報員、專家或證人是錯的，他們所展現的自信對觀察者就不再那麼有分量。一旦自信的人被證明出錯，周遭的人都會感覺被背叛了（反之，當專家或證人對自己的預測或評估給出較弱的信心，就算事後證明預測或評估有誤，也不會減損其可信度）[37]。

觀察者一旦知道專家的正確度，就會改變他們對專家信心強度的看法，這點很合乎直覺，因爲既然知道正確度，就不需要參考信心了。但觀察者很難得到回饋，這是很大的妨礙，他們不一定總能得知專家的正確度。此外，不少研究也顯示，一旦需要付出心力才能得到回饋，多數人都會選擇偷懶，重新以專家信心強度爲對方正確度的指標[38]。

專家可不可能兩全其美，同時避開過度自信與出錯？一種做法是拉大信賴區間，大到事實幾乎跑不掉，例如「我有百分之九十五的信心，拜登總統如果競選連任，得票率會在三〇至七〇％之間」。問題是，採取這種萬無一失說法的專家不會被看成專家（預測範圍縮小，信心強度自然會降低。這位專家對拜登得票率在四〇至六〇％之間的信心強度可能是百分之七十，對得票率在四〇至五〇％之間的信心強度可能是百分之六十）。專家必須校正夠好才會得人信任，但給出的資訊又必須夠明確才會有內容，這眞的很難。好消息是，只要坦誠且實在地評估自己的信心強度，就能讓人繼續相信你的專業。

檢查你的過度自信

假如專家只有兩種，「準確的」和「不準確的」，我們大多數人應該都會聽從前一種專家的意見，而非第二種。但除了簡單（因而其實不需要專家）的議題之外，期待專家能給我們絕對正確的看法是不切實際的。因此，信心強度是我們評判專家好壞的關鍵資訊，只不過角度和大多數讀者習慣的不同！

下回在你最愛的新聞節目聽到專家發言，記得仔細聽他們描述自己信心強度的用語。他們說得斬釘截鐵嗎？還是會用比較「婉轉」的措詞，例如「可能」「有……的風險」「有一種看法是……」等等。在這個不確定是常態的世界裡，我們應該重視在意校正的專家。不幸的是，他們經常面臨記者、政策制定者、律師和大眾的壓力，要求他們表現得很有信心。

諾貝爾經濟學獎得主康納曼曾說，「假如他有魔杖，最想消除的人性偏誤就是過度自信」[39]。我們覺得過度自信不大可能消失，但如同前面所見，有些具體步驟是我們所有人都能做的，好讓自己不要太過度自信。

儘管我們沒有特別強調，但頭號要點或許是：對你自己不大了解的事，不要覺得必須發表意見。想像自己的「意見預算」很有限：「我今天只能發表五個意見，最好慎選」。

如果非發表意見不可，就盡量附上機率或透露你的信心水準，例如「我有百分之七十五的把握……」或「我覺得這個可能性更高」等等。

當你聽專家發言，仔細留意他們有沒有坦誠表達不確定，有沒有指出他們什麼情況下可能會是錯的。我們都希望專家百分之百正確，但那不可能。不過，我們可以找到校正度接近百分之百的專家，也應該這樣做。會告訴你「我知道的不夠多，沒辦法給你確鑿意見」的專家不是沒用，反而可靠可信。你如果覺得對方是最懂這個主題的人，那他這樣說只是想告訴你，這個主題還需要更多研究。假如你非得採取行動，也會知道最好步步為營，並且對還有多少未知數抱持謙卑。

第六章 在雜訊裡找訊號

老經驗的科學家都知道，他們對現象的最初理解通常都是錯的，而且往往得摔一大跤才會學到這一點。珀爾馬特是在博士後研究生時期學到教訓的。當時他還年輕，正跟著一群資深科學家進行令人興奮的天文物理學研究，對象是一顆爆炸的恆星。這顆距離地球相對近的恆星名叫超新星1987A，是幾百年來人類所見最近的超新星，因此也是最亮的。全球各地的科學家齊聚南半球（在那裡才見得到它），用望遠鏡以各種方式研究這顆超新星。珀爾馬特加入的團隊這樣想：這類超新星爆炸後，會留下壓縮至極緊密的殘骸，名叫中子星。中子星不停旋轉，通常會帶有超強磁場，並有光束（和無線電束）從兩極射出。當磁極和轉軸錯位，其中一個磁極射出的光就會和燈塔光束一樣，每轉一圈照向你一次。通常轉速爲每秒一千圈，因此每毫秒就能見到一次光（或無線電）脈衝，只要你有大望遠鏡和很好的光紀錄設備！

人類頭一回見到這個後來稱作「脈衝星」的東西時，在他們製作的（無線電訊號，而不是光訊號）圖表上寫下了LGM三個英文字母，也就是小綠人（little green men）的縮寫，因爲他們認爲這個規律重複的脈衝很可能是外星智慧生物發來的訊號。後來，發現訊號的天文物理學家伯奈爾（Jocelyn Bell Burnell）和休伊什（Antony Hewish）又在天空不同位置發現一堆脈衝星，其中有些似乎和這類超新星殘骸有關。他們開始明白，脈衝星其實沒有外星智慧生物訊息那麼令人興奮，但脈衝星還是很酷，而且也夠神奇了。

珀爾馬特團隊認爲他們很有機會首度捕捉到爆炸後形成中的脈衝星，便打造了一部能偵測紅外光子的新儀器，帶到智利，裝在望遠鏡上。

果然，他們測到的訊號就落在每秒兩千次的預期重複率範圍內。假如訊號是聲音，也就是脈衝是空氣，而非光，那麼音調會是極高的B，比中央C高將近三個八度（這裡用聲音來說明頻率極高的脈衝很有幫助，因爲我們對音調高低多少有直觀印象，對閃動如此之快的光卻沒什麼感覺。只要閃光快過每秒五十次左右，人類肉眼就無法察覺）。古怪的是，這顆超新星的閃光「音調」變來變去，先是略低了（也就是閃得比較慢）幾小時，接下來又回復原本音調幾小時。怎麼會這樣？

珀爾馬特團隊思索片刻，隨即意識到有一個很好的理由可以解釋訊號浮動，那就是都卜勒效應：汽車朝你開來和離你而去時，喇叭聲的音調聽起來會不一樣。由於地球自轉，架在智利天文台的儀器有時會朝向訊號，使得訊號「聽起來」音調比較高，有時會背向訊號，讓訊號「聽起來」比較低。

此外，地球還繞著太陽公轉，這應該也會影響音調。因此，為了確定訊號是否會變、為何會變，珀爾馬特所在的團隊必須校正這兩個會影響頻率的效應。結果校正過後，訊號音調仍然會變，但變得相當規律，幾乎是完美的正弦波。這個發現令人興奮，因為脈衝星如果有一顆行星繞著它轉，就會因為都卜勒效應而出現正弦波。行星繞行導致音調規律變化，朝向我們、背向我們、再朝向我們，看上去就像珀爾馬特團隊見到的正弦波。

這個令人興奮的結果出爐當時，科學家尚未發現過太陽系以外的任何行星，而脈衝星訊號正包含了「系外行星」存在的第一個證據。這種發現就是成為科學家的樂趣所在。你只是摸摸弄弄看看，突然就有了訊號。可是你很難判別那代表什麼。去除一個已知的扭曲因素（例如地球運轉效應），訊號就變成你根本沒想到要找的樣子。以珀爾馬特他們為例，就是繞著遙遠脈衝星運轉的一顆行星。團隊寫了一篇論文詳細介紹他們的發現，並立刻投稿到國際科學期刊《自然》。

然後，事情就複雜了起來……

讀完前兩章，你可能想知道珀爾馬特他們對自己的新發現有多少信心水準？畢竟我們一直強調，生活在充滿不確定的世界裡，機率思考對做決定非常關鍵，校正我們對自己主張或專家發言的信心水準因此也很重要。接著就讓我們更深入了解如何斟酌、量化和運用機率思考，因爲熟習這個工具實在太有用了。

從術語解釋開始是個不錯的起點。討論機率經常會提到找尋「雜訊裡的訊號」。但科學家所講的「訊號」與「雜訊」通常和我們一般常用的含義不同。

我們說的訊號是什麼意思？往來溝通時，訊號是一個人爲了傳遞訊息給另一個人所使用的物體，例如話語、文字、音樂或燈塔光束。訊號裡有你想傳遞的想法、指引或情感，但它也可以是更抽象的東西。當你想要偵測某樣東西，例如形體、聲音或氣味，以便獲取關於世界的特定資訊，訊號就是那樣東西存在的痕跡或證據。

假設這兩個概念就是我們所說的訊號，那雜訊又是什麼？我們說的雜訊，基本上就是任何妨礙我們偵測到訊號的東西。有些雜訊和訊號非常像，但它們其實並不想和你溝通，也不提供你想知道關於世界的資訊。讓我們從聽覺開始舉例，因爲這些用語最初都來自無線電工程學。假設你正專心聽某人說話，想聽懂對方在說什麼，但房裡有其他人在交談。就算那人說話也是爲了和別人溝通，但在你聽來卻是「雜訊」，干擾了你正在接受的「訊號」。面對干擾還是可以專心聽自己的交談對象說話，這種能力就叫雞尾酒會效應。

雜訊也可能由隨機干擾組成，例如當你專注於某事時突如其來的聲音、形體或氣味。假設你在海邊慢跑，想聽清楚某人說話，但海浪聲很大。海浪怒吼是無意的，不像雞尾酒會上其他人交談是有意的。但海浪聲是隨機雜訊，可能會掩蓋你想接收的訊號。

從聲音舉例來理解雜訊雖然容易，但要記得，根據我們的定義，雜訊也可能以聲音之外的形式出現，而且不論我們想偵測什麼，涉不涉及感官知覺，幾乎都會出現雜訊。區別訊號與雜訊的挑戰無所不在，但凡你想抓出面無表情的朋友話裡的諷刺、老闆電郵裡的語氣、蘋果奶酥裡的肉桂味或你家狗兒毛裡的跳蚤，都是在做這件事。

什麼算訊號？什麼算雜訊？

讀到這樣的定義，你可能已經感覺某人的「訊號」很可能是另一人的「雜訊」，因爲兩人面對同一個世界，想偵測的面向可能不同。比方說，假設你正在看電視播映的電影，期間發生了四件事：

A：電影裡，一塊磚頭砸破窗戶落在主角所在的房間，發出巨大聲響。

B：電影裡，濃湯般的大霧讓主角難以穿越荒涼的森林。

C：電影被緊急公告打斷，警告你野火快燒到戲院來了。

D：電影裡，主角發表激昂的政治演說，提出一個有關民主制度的重要觀點。

就觀影體驗來說，哪個是「雜訊」？你可能會選B，因爲大霧對主角似乎是干擾。但身爲觀眾，大霧不是雜訊，主角在霧裡寸步難行其實是重要訊息。對觀眾而言，大霧是訊號，是情節的一部分。因此，我們應該選C。對觀眾來說，警告野火靠近是惱人的提醒，也是不必要的干擾，因此對你身爲觀眾顯然是雜訊——只不過如果你是想活到明天的人，公告或許就不是雜訊了。

就電影主角而言，四件事裡哪些是雜訊？我們可以忽略C，因爲主角聽不到公告。但這時大霧就眞的是雜訊了。對主角來說，訊號是穿越森林的小徑，濃霧則是妨礙他找到小徑的干擾。A（那塊砸破窗戶的磚頭）會不會也是雜訊？對主角來說，磚頭砸窗顯然很大聲，但它吵歸吵，卻不是雜訊。如果雜訊必須是干擾，磚頭砸窗就不是雜訊。因爲我們不得不這樣假定，就電影本身而言，某人扔磚頭砸破窗子對主角很重要，是情節的一部分，爲了讓主角知道他該知道的事。

對想出門散步，但主人正在看電影的狗來說，這四件事哪些是雜訊？我們會選「以上皆是」。狗對這四件事都沒興趣，牠只想去散步。對狗來說，電影裡發生的事和螢幕上的警告都只是背景雜訊，只會干擾最重要的訊號，也就是牠盯著主人傳達「我想散步」的可憐眼神。

現在讓我們回頭反問一件事：A 到 D 這四件事是否都可能爲訊號？你可能會說否，因爲事件 B（濃霧）感覺不論何種情境都會是雜訊。但假設你訂了機票，大霧就會是班機可能延誤的訊號。

這些問題告訴我們，什麼是訊號、什麼是雜訊並不總是一目了然。你得搞清楚自己想知道什麼，某個情境下什麼算訊號、什麼算雜訊。因此，許多時候，你不妨問自己幾個問題：這裡頭有訊號嗎？有雜訊嗎？我們有沒有清楚區分兩者？會不會搞混？一旦開始思考現實世界的議題，例如氣候變遷和全球暖化，這些問題就變得很重要。【圖表6-1】是一八五〇年至二〇〇〇年全球地表年均溫測量值[40]。

你顯然想知道圖表裡有沒有溫度升高的訊號。你可能還想知道，暖化訊號出現的時間點是否和人類開始大量排放二氧化碳至空氣中的時間點相近。但當你檢

【圖表6-1】

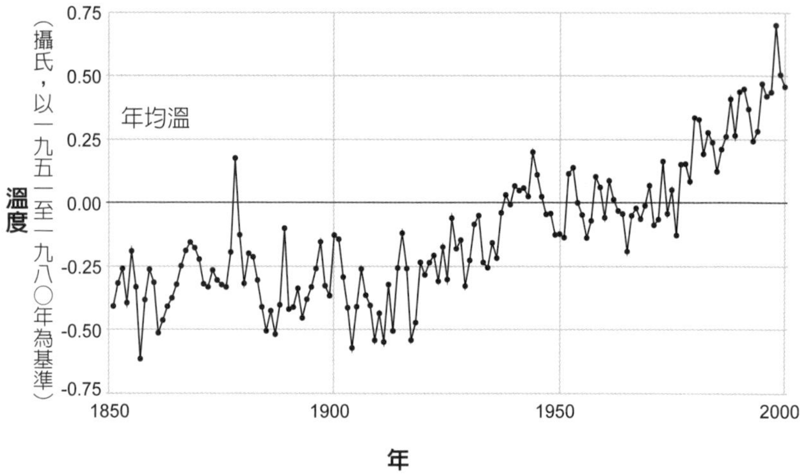

視圖表，首先會發現其實雜訊很多，因爲測量値每年、每十年都起伏很大。你得夠了解雜訊（也就是這些看似隨機起伏的溫度變化）的成因，才有辦法詮釋這張圖，並抓出訊號。當你見到溫度小幅上揚，例如二十年上升攝氏四分之一度左右，這是氣候變遷的訊號嗎，抑或只是這類系統常見的隨機紊變？畢竟圖裡不少逐年溫差都高於四分之一度。

將觀察期拉得更長，情況就變得更撲朔迷離了。【圖表6-2】是西元前四百年到現在的二十年均溫變化圖（以格陵蘭冰芯數據爲全球溫度變化的概略指標），你可以看到

【圖表6-2】

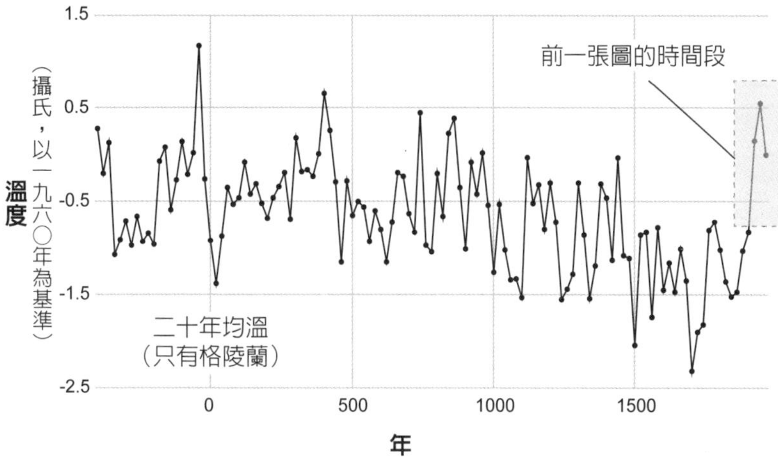

【圖表6-1】只占圖中最右邊的一小部分，而且顯然只是一長串溫度起伏裡的一段而已[41]。換句話說，是雜訊而非訊號（羅馬是溫暖時期建造的，黑死病則在寒冷時期肆虐：我們可能比較喜歡溫暖）。

不幸的是，當我們將最近幾年標準圖裡，全球暖化的訊號就明顯高於雜訊了（圖表6-3）。此外，針對晚近全球平均溫度上升的研究顯示，過去一世紀以來，溫度上升絕大多數都是由人類活動所引發。關於這一點，證據主要來自辨別圖中的雜訊來源。例如，圖中許多氣溫短期微幅下降都和火山爆發有關，因為火山爆發將氣體送入大氣層，

【圖表6-3】

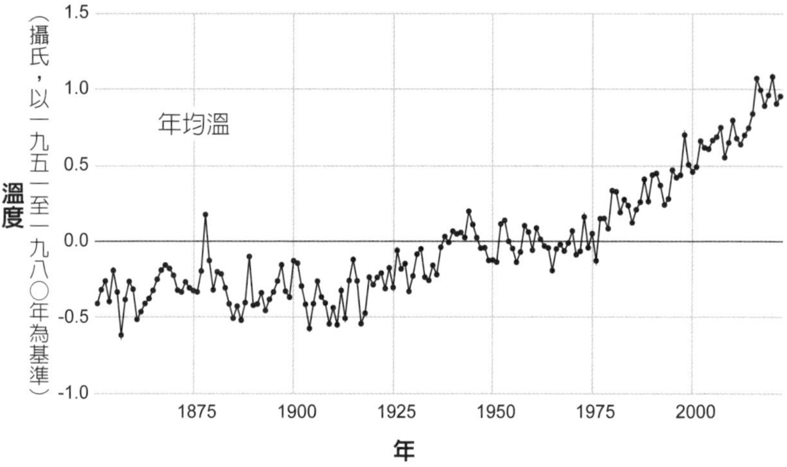

反射日光造成了地球降溫。此外也有跡象顯示，雜訊不只代表陸地氣溫量測品質不佳，其實還反映了眞實情況，因爲其餘的氣溫短期波動都和北大西洋海面溫度起伏一致。修正這兩個短期雜訊之後，剩下的氣溫變化趨勢就是緩慢上升，而且和空氣中二氧化碳濃度的增加趨勢一致。這正是我們擔心會見到的訊號，因爲二氧化碳濃度變化主要是人類造成的[42]。這個精采例子清楚說明了區別訊號（氣溫上升趨勢和二氧化碳濃度上升趨勢相關）與雜訊（氣溫短期起伏和火山活動及海洋溫度相關），對理解事情狀況有多關鍵[43]。

只要退一步綜觀全局，有時就能揪出干擾訊號的隨機雜訊來源。就像雞尾酒會效應，我們原則上能辨別誰在講話，害我們很難聽見朋友說什麼。但也像雞尾酒會的場合那樣，揪出雜訊來源有時並不值得，因爲我們有其他增強訊號、抑制雜訊的方法，例如改到比較安靜的角落去說話。不過，就氣候變遷而言，還有一個找出雜訊來源的理由，那就是我們希望將地球氣溫控制在過去一百年來的範圍內，因爲地球多了數十億人口，氣溫大幅變化影響重大。但不知道哪些變數（例如二氧化碳）是關鍵，哪些純屬雜訊，長期下來不會有影響，我們就很難控制氣溫。

一旦開始思考如何在雜訊裡抓出訊號，就會發現這個問題不僅發生在雞尾酒會，日常生活也無所不在。你讀伊索寓言的〈狼來了〉給女兒聽，就會發現這是一個小男孩因爲製造雜訊以致發出警告訊號也無人理會的故事。你拿視覺猜謎《威利在哪裡？》給她看，就會覺得插畫家眞聰明，竟然創造出一套圖像模式（雜訊），讓人乍看就像主角威利本人（訊號）。

你看新聞，就會不再那麼苛責九一一事件前負責偵測恐怖分子威脅卻沒看出訊號（一群可疑分子學開飛機卻沒興趣學著陸）的人，因爲提醒全球各地可疑行爲的報告太多，全是雜訊。珍珠港事件前的警告訊號沒被注意，背後可能也有類似的情節。

甚至有少數時候，當我們想要忽略訊號時，雜訊就成了好朋友。最明顯的例子，就是白噪音機爲何會有「噪音」兩字。因爲當我們想睡覺時，它能防止我們去注意隔壁房間正在進行的有趣但擾人安眠的談話。科學家對人爲何會抓癢所提出的一個解釋，更是雜訊也有意外好處的例子：我們可能是用抓癢帶來的感覺（雜訊）來掩蓋蚊子叮咬帶來的搔癢（訊號）。

術語：訊號雜訊比

跟訊號和雜訊有關的科學概念裡，還有一個術語雖然日常不會用，但值得一提。這個術語之所以出現，是因爲科學家經常得開發從雜訊裡擷取訊號的技術，所以必須量化訊號埋藏的深度，也就是訊號和雜訊的相對大小。這個術語就是「訊號雜訊比」。

訊號雜訊比的基本計算過程不難示範。假設你手上有一個十六個符號構成的訊號：

A_STITCH_IN_TIME*

再假設這是機密訊息，對方用電話一個符號一個符號念給你聽，但通話品質不良，有許多靜電造成的雜訊。爲了便於想像，我們隨機挑選其中兩個符號，用隨機挑選的另兩個符號取代：

AQSTITCH_VN_TIME

這時，這則訊息的「訊號雜訊比」就是十四比二，或七比一，亦即十四個訊號符號，兩個雜訊符號。在這個訊號雜訊比（或雜訊位準）下，我們還是聽得出訊號，至少猜得出來。要是通話品質更糟呢？我們再將兩個符號換成雜訊：

EQSTITCHNVN_TIME

＊譯註：a stitch in time (saves nine) 爲英文俚語，直譯爲及時一針省九針，意思是及時行事，事半功倍。

這時，訊號雜訊比就變成十二比四了，或三比一，偵測訊號變得困難許多。就算猜很多次最後猜到了，雜訊也眞的是個阻礙。要是我們再將兩個符號換成雜訊，讓訊號雜訊比降到十比六（或五比三），偵測訊號就變得幾乎不可能：

EQATITCHNVN_TUME

從這個訊號被雜訊掩藏的例子裡，你可能發現運氣也軋了一角。有些隨機資訊比其他隨機資訊更能掩藏訊號。在科學裡，有時就只是運氣好，有些訊號碰巧以不被雜訊太過扭曲的方式出現，讓你得到提示，從而發現訊號。

不過，重點是藉由訊號雜訊比，我們就能量化雜訊程度與訊號品質，並進行比較。以剛才的例子爲例，訊號雜訊比爲七比一時，訊號還很明顯，但降成三比一就要碰運氣了。藉由量化，其實就能推斷多少的訊號雜訊比可以滿足我們的目的。値得一提的是，科學家經常必須（或應該）做這件事，因此當我們請科學家對決策中的某個關鍵因素發表看法，這往往是重要的考量點。

科學家提到訊號雜訊比時，通常會使用更炫的統計定義，但原則相同，都是比較雜訊量與訊號量，從而得出在這個比例下，從雜訊裡辨別出訊號的機率有多高。這就是訊號雜訊比這個術語爲何重要又有用的原因。

如何處置雜訊？

剛才提到，科學家的工作經常要從雜訊裡抓出訊號。爲了介紹其中一種方法，讓我們想像劇情片裡的某個虛構場景，而你是主角，一名二戰飛行員，正駕駛戰機在太平洋上巡邏。這時，你從耳機裡聽見類似靜電的無線電訊號。你會怎麼判斷這段嘈雜的雜訊？

由於你受過這方面訓練，因此有個推論。你認爲這可能是以某個音高和頻率傳送的訊號，但聲音非常微弱。正巧你的無線電有等化器，能過濾頻率，抑制所有你不想聽見的音高，於是你便調整無線電，接著就聽到了：三短音、三長音、三短音，是摩斯密碼的求救訊號ＳＯＳ。你立刻調轉飛機朝訊號來源飛去，偵查狀況。

這個故事有兩個有趣的點。首先，聽見雜訊或訊號，完全取決於是否抑制了所有不算訊號的頻率。一旦濾掉其他頻率，只留下訊號所在的頻率，訊號就突然變得明顯了。

第二個有趣的點是，事實證明，我們的大腦眞的非常會過濾雜訊——只要我們知道去哪裡找訊號。在剛才的例子裡，就是SOS訊號的播送音高。事實上，假如你是二戰飛行員，並且剛從一陣靜電雜訊裡聽見了SOS訊號，那麼就算關掉等化器，你還是可以從雜訊裡聽出同樣訊號，因爲你已經知道去哪裡聽，大腦就會變成等化器。大腦很擅長過濾（當你在雜訊裡尋找訊號時，請務必記住這一點，因爲我們接下來要談的，就是因大腦自動過濾而產生的問題。凡天賦都有一體兩面，自動過濾也不例外）。

過濾雜訊尋找訊號的一個經典科學案例，就是全球還在進行的「尋找地外文明計畫」。成爲尋找地外文明科學家有幾件事要做，其中一項就是將無線電天線對準遙遠的恆星。你會聽見很類似二戰飛行員聽見的靜電雜訊，那是全宇宙雜訊匯合成的靜電嘶鳴；說得更確切一點，是你天線對準天空那個位置的雜訊。

問題是你不能只找滴滴滴的聲音。因爲就我們所知，外星人不用摩斯密碼說話，因此你得發明各式各樣的過濾器，而這才是尋找地外文明科學家的眞任務：不是在雜訊裡盲目尋找明顯的訊號，而是發明過濾器，幫我們將注意力擺在這些科學家認爲地外文明可能使用的溝通訊號上。但要如何做到這一點可就不明顯了。試想，你應該注意哪些溝通訊號（然後過濾掉其他一切）？你認爲外星人用的摩斯密碼會像怎樣？

有一個簡單的可能做法，就是看脈衝是否以固定音高重複穩定發送。事實上，要是眞有個明確音高可找，如同SOS訊號的例子那樣，事情就有趣了。只可惜宇宙裡除了外星智慧生物之外，還有其他自然現象也會製造重複脈衝。

開頭提到行星繞行脈衝星的故事還沒講完。等我們講完，還會回頭講一個非常戲劇化的例子。但當我們玩這個遊戲，從雜訊裡過濾出有意義的模式時，得先討論一個特別隱而不顯的問題，那就是人的大腦會自己從隨機雜訊裡看見模式，並賦予意義！我們稍後就會見到，人從各種雜訊源裡找出日常（或長期）決定所需的訊號，其實取決於我們有多了解自己會被大腦的這個傾向給愚弄。由於這個主題對我們日常應當如何面對訊號與雜訊太過重要，因此下一章會由此講起。至於脈衝星的故事——別急，我們會說到的。

第七章
看見不在的東西

接下來，故事就從我們對隨機雜訊能做什麼的天真期待繼續說起。說我們天真期待是什麼意思？我們做了這個實驗：首先，請學生擲硬幣五十次，頭像那面記「正」，另一面記「反」；接著請另一組學生信手寫一串「正」與「反」，感覺愈隨機愈好，但沒讓他們擲硬幣。以下是兩組學生完成的正反序列——但我們先不告訴你Ａ或Ｂ哪個出自擲硬幣的學生：

Ａ：

正反正反反正反反反反正反 正正正正 反反反反反 正正反正正反反反正

反反反反 正 反反反反反反 正反正正正反正反

Ｂ：

反反反正反反正正 反反反反 正反正正反反正反反反正 反反反反 正

反正反正正正反反反 正正正正 反反正正正反正

你能看出哪個序列是眞隨機，哪個只是乍看隨機，其實不然？當你比較兩個序列，大腦會立刻注意成串的「正」與「反」，也就是框出的部分。序列A有一個連七反，兩個連五反，「連串度」高於序列B，即使序列B也有一個連五正和一個連五反。根據這點，你可能會說序列A是假隨機，因爲「眞正」的隨機序列不可能那麼常出現連串，尤其是連七反。

假如你選序列A，那就錯了。序列B才是假隨機。信手寫出這個序列的學生覺得，要是連續太多正或反，序列看起來就不隨機（他們確實寫了兩個相當長的連正和連反，只是後來就放棄了）。當他們連續寫了「正正正正」或「反反反反」，可能心想這感覺不隨機，於是便中斷連串。但眞正的隨機序列會出現的長連串其實出乎意料地多。

現在將這個發現放到之前提到的兩個例子裡。一個是飛行員試圖在接連不斷的嚓嚓聲裡找出SOS訊號，一個是在會隨機出現錯誤字母的字母串裡抓出有意義的詞句。兩個例子都讓我們發現從雜訊裡找訊號有多難。而剛才的新發現說明了，當我們在看來雜訊滿滿的資料裡拚命不斷尋找訊號，就遲早會被騙。雜訊充斥的資料終究會出現讓你感覺有意義的模式，而且是以你意想不到的形式出現。換句話說，只要在隨機雜訊裡找訊號，往往會看見根本不是訊號的訊號。

對於隨機雜訊多常出現模式，我們其實直覺很差。最好的做法或許是永遠要懷疑自己找尋模式的能力，牢記我們感覺到的訊號往往不是訊號，必須比對眞隨機資料會出現的模式，而科學家也提供了許多數學技術幫我們做比對。只要你讀完本書，將這點牢記在心，往後肯定大有好處。所以，假如你從來沒做過剛才的實驗，不妨找一枚硬幣（對，硬幣還沒有消失）擲個一百次，記下所有長連串，看看會是如何。至於已經做過實驗的，找個沒做過的人試試，既能讓他驚訝，又能讓你開心。

假如你是老闆，就再也不會因爲連續五個週四產品大賣，感覺有個模式，就超額訂貨，而是會先問問統計學家，了解週四連續大賣純屬隨機巧合的機率有多高。

尋找希格斯玻色子

好吧，那有什麼方法可以見到這個從雜訊裡抓出訊號的過程呢？讓我們從一個高潮迭起又不平凡的例子講起，那就是粒子物理學家發現希格斯玻色子（一種次原子粒子）的過程，因爲從中可以見到科學家必須花費多大力氣，才能不將雜訊當成訊號。（下回聽見記者想方設法誘導科學家發言大膽一點，你就會比較同情科學家的謹慎了！）

發現希格斯玻色子是經典的粒子物理學計畫，科學家將他們相當了解的基本粒子（在這個例子裡是質子，氫原子的原子核）放進直徑幾英里的環狀物裡，用大量電磁鐵讓這些基本粒子不停繞圈加速到飛快。每束質子都是以「粒子團」的型態繞行，一團順時針，一團逆時針，並且互相對準，好讓總能量夠高的對向質子對撞，產生之前沒有見過的新基本粒子。碰撞結果總是一團亂。兩個互撞的質子會完全消失，轉變成大量各色粒子朝四面八方飛去，每個粒子都分得一些碰撞產生的總能量。這些生成的粒子大多是科學家熟知、之前就研究過的，如電子、質子及介子，但由於粒子數上兆，粒子物理學家還是可以尋找罕例，發現未曾見過的粒子。所謂的希格斯實驗，就是科學家希望找到一直預測存在的希格斯玻色子。這種粒子的質量和其他已知粒子都不一樣，可以藉此辨別。

想像你去參觀日內瓦的粒子加速器，大強子對撞機。你搭電梯下到地底一百公尺深的隧道，眼前是一個周長二十七公里的巨大環圈，周圍幾千個電磁鐵，個個長過一輛公車。環圈每隔一段距離會有一個撞擊室，讓質子團對撞，室外則有科學家跨國合建的巨型偵測系統。這些系統由較小的「次偵測器」組成，以便捕捉碰撞後每個粒子發出的訊號。

科學家希望從這些資料訊號裡找出碰撞產生了哪些新粒子，尤其是粒子所含的能量，因爲從中可以得知我們想找的新粒子（例如希格斯玻色子）所含能量的資訊。（讀到這裡，所有二十和二十一世紀長大的人都能背出我們最愛的愛因斯坦方程式 $E = mc^2$：只要知道光速 c，就能從總能量 E 回推原粒子的總質量 m，但你早就會了！）科學家蒐集幾千、幾百萬，甚至幾兆次撞擊留下的資料，繪製直方圖顯示有多少次碰撞後產生的粒子霧裡出現了特定質量新粒子存在的證據。

當時有兩個主要的跨國研究團隊，各自在碰撞室裡架設了偵測系統，希望搶先找到希格斯玻色子。【圖表 7-1】是超環面儀器偵測到的資料[44]（偵測器的內部零件是在加州大學柏克萊分校建造的，當時我們三位作者都在柏克萊教書，所以超環面儀器團隊算是我們的「主隊」）。圖中可以見到一個小高峰或凸起，可能代表眞的發現了希格斯玻色子，因爲凸起就出現在科學家預期會出現的位置（箭頭所指處），而希格斯玻色子的質量就是在那附近。希格斯玻色子是重大發現，因爲它如果眞的存在，就足以證明希格斯教授（和其他幾位科學家）提出大多數物體如何獲得質量的理論是對的，而我們等待這項證據已經四十多年了。

【圖表7-1】

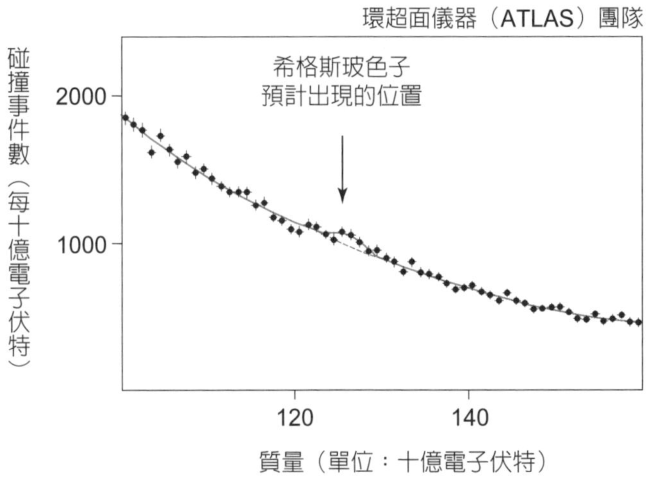

燒錢又燒腦的問題來了——不誇張，科學家花了將近一百億美元打造這個實驗——圖中的小凸起是眞的嗎？我們怎麼知道它確實是訊號，而不只是雜訊？仔細看圖就會發現，圖中還有其他小凸起。如果不用圖表中的實線強調，再用箭號指著，你能確定這個小凸起和圖中其他因爲隨機雜訊而造成的小凸起不一樣？

尋找希格斯玻色子這件事，粒子物理學家已經做很久了，因此早在大強子對撞機建造之初就知道會有這個問題出現，於是他們明智決定讓兩組團隊在不同的碰撞室建造偵測系統。這樣兩組

【圖表7-2】

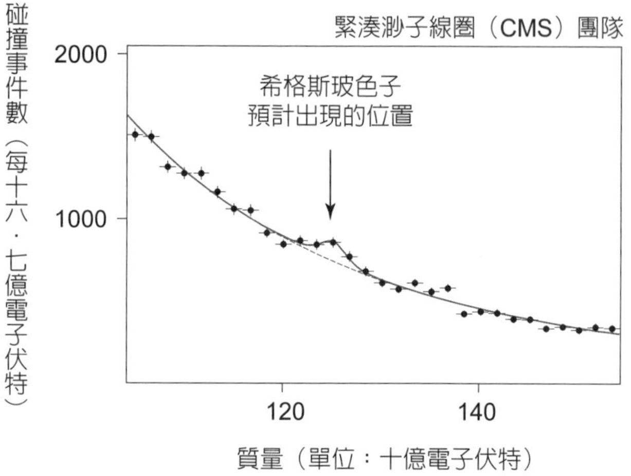

團隊的資料所得就可以比較。由於比較非常重要，兩組團隊同意同時公布資料，而不是爲了搶先而公布不確定的結果。

因此，緊湊渺子線圈團隊（我們在柏克萊都稱作「那一隊的」）也繪製了同樣的圖表。所有人都興奮地比較兩組團隊的結果[45]。【圖表7-2】是緊湊渺子線圈團隊的資料。

就這樣，環超面儀器團隊對面的緊湊渺子線圈團隊也在資料裡見到了類似的小凸起。由於兩組團隊都見到這個凸起，科學家便可以宣稱他們見到了疑似希格斯玻色子的粒子（他們還是很謹慎，只說是疑似希格斯玻色子，而非希格斯玻色子）。

在雜訊裡看見訊號，而且得想辦法確定不是假訊號，這就是粒子物理學家的煩心事，許多時候也是我們在現實生活中的煩心事。小心不被資料裡的微小起伏愚弄實在太重要，早已成爲科學文化的一部分。物理學家常彼此測驗，訓練這項本領。他們會拿資料給同行看，問對方圖中凸起是眞凸起，抑或只是隨機起伏。他們一見到希格斯玻色子那樣的新資料，就會大量製作沒有希格斯玻色子的類似資料（所以圖中的凸起全是隨機起伏），將眞圖和九張假圖混在一起，要你找出哪些是隨機資料，哪個才是眞訊號。你要是選錯了，那顯然表示你以爲値得注意的訊號很可能只是隨機雜訊。

對物理學家來說，小心翼翼分辨眞實訊號與雜訊是有意義的，因爲他們希望找到這個世界不因個人而異的基本面向、法則與實體，好讓我們將自己所有預測與科技建立在這些關於實在的深刻眞理上。這就解釋了記者爲何很難讓科學家做出過度承諾，因爲科學家想確保他們認爲自己發現的新面向、法則與實體經得起時間的考驗，所以他們只會說疑似希格斯玻色子，而不是他們發現了希格斯玻色子！

日常在雜訊裡尋找訊號通常不用那麼謹愼，但只要你開始對這個問題敏感，就會發現我們隨時都在玩這個遊戲：公車司機剛剛是說「王后站」還是「往後站」？

前面的單車騎士往右閃是想繞過減速丘，還是想切進你的車道？你襯衫袖子上黑黑的是污漬，還是光照在袖口皺摺上的陰影？

同樣道理，我們總是想從對方的行爲雜訊裡讀出意圖訊號來。我的約會對象開始對這份感情認眞了嗎？會議室裡哪些人喜歡我的提議？悲慘的是，美國政府沒能從報告可疑行爲的資料裡讀出眞正的威脅，例如之前提過關於珍珠港事件和九一一攻擊事件的警訊等等。當事關重大，像是攻擊情報或商業投資，我們就得像物理學家一樣謹愼。

雜訊愈多，愈有機會被騙

當然，我們通常無法像尋找希格斯玻色子那樣，有第二個偵測系統做比較（但我們感興趣的訊號也不用花費幾十億美元去偵測就是了），因此只好學會辨別自己在哪些情況特別容易將雜訊誤認爲訊號。明白這一點後，我們就可以再加料了：看的資料愈多，就算裡頭只有雜訊，就愈會看到令人意外的模式，讓你以爲自己找到了訊號。一個人擲硬幣十幾次和一群人擲硬幣一整天完全是兩回事，後者有時會出現很有趣的結果。

假設有朋友告訴你，她看到擲硬幣連續十次都是正面。這個結果當然令人意外，但在以下哪種情況裡連續十次正面最讓人吃驚？

A：擲硬幣的只有她，而且只擲了十次。

B：你有一群朋友在擲硬幣，她是其中之一。每人都擲十次，然後跟你報告結果。

C：你有一群朋友在擲硬幣，她是其中之一。每人都擲一百次，然後跟你報告結果。

D：擲硬幣的只有她，但擲了一百次。

答案是A。仔細想想，如果你有一群朋友擲硬幣，那麼其中一人看到連續十次正面的機率顯然會高於只有一個人擲硬幣。我們尤其可以強烈反對選C，因爲假設有許多人擲硬幣，而且每人都擲一百次，那麼連續十次正面就根本不稀奇（事實上，只要你有十五個朋友擲硬幣，機率就超過五〇%）。這題答案感覺很明顯，但確認一下總是好的。

然而，難就難在每當有人發布新的科學成果，或讀到令人驚訝的消息時，你不

【圖表7-3】

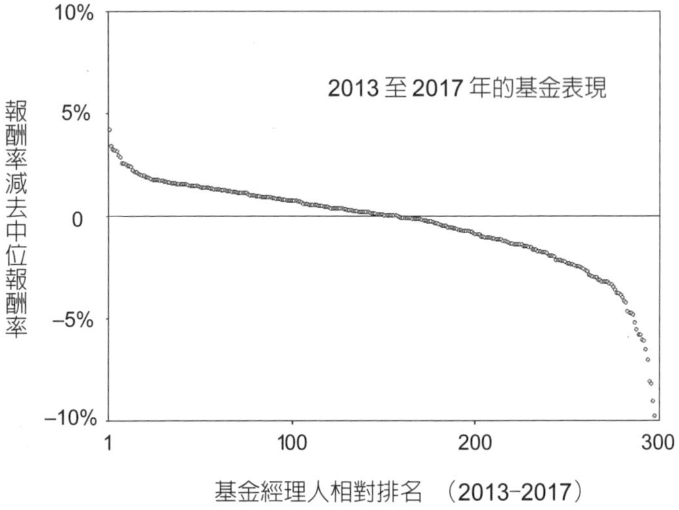

一定總能知道那是「擲硬幣」多少次的結果。事實上，就連研究者自己也往往不清楚他們「擲了」多少次，不曉得資料到底給了他們多少機會，讓他們見到看似非隨機的模式。舉兩個例子就能清楚說明這一點。

首先是股市。假如你是一般的小投資人，想投資股市，你很快就會發現許多公司都有股票投資組合專家，向你兜售他們推出的共同基金。爲了讓你掏錢，他們會說自己的共同基金過去五年表現優於大盤，股市走向也被他們多次說中。你可能會因此購買，相信這檔

【圖表7-4】

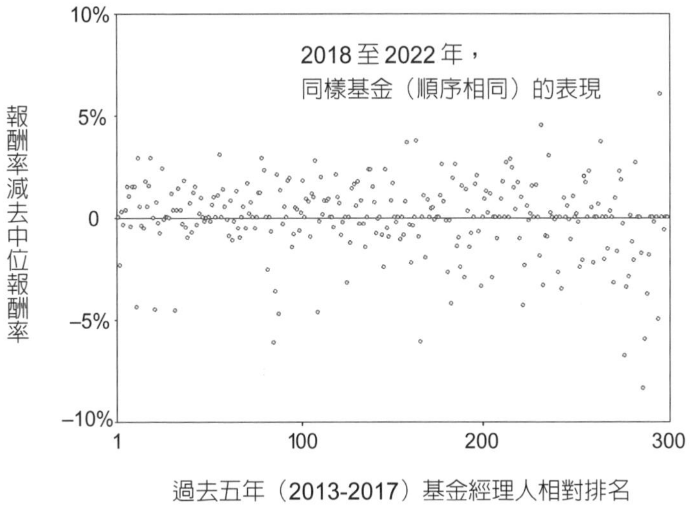

基金的操盤者比其他家的優秀。【圖表7-3】是二〇一三至二〇一七年美國頂級共同基金的表現，並按每位共同基金經理人對股市的判斷優劣排名。從圖表中可以看到，有些經理人表現高於平均百分之四，大多數人和平均相當，還有一些人低於平均百分之十左右，因此你可能會覺得，表現最佳的投資組合經理人確實比表現最糟的還有本事與知識。

接下來五年（二〇一八至二〇二二年），這群經理人的表現又是如何？從【圖表7-4】可以看到，他們的表現幾乎是隨機的，過去五年的表現基本上和接下來五年的表現毫不相關。有些經理人頭五年的經濟分析與直覺非常準，但不知何故，接下來五年他們的分析與直覺往往失去準頭。我們會發現，只要你研究基金經理人夠久，就會見到某人似乎挑什麼股票都中，但這只是一種效應而已，只要看的雜訊量一多，就會從隨機雜訊裡看出訊號。有趣的是，這些經理人並非有意造假，他們都確定自己做過仔細研究，真的看出不同公司的表現，而不只是碰運氣，像擲硬幣那樣。他們都認爲自己對經濟和良好商業行爲的研究是嚴謹的，只不過他們觀察到的模式顯然是隨機的。

偶爾可能會有小意外，有些基金經理人的表現幾乎總是優於（或劣於）大盤，但你絕不能掉以輕心[46]。由於大多數人通常都不清楚某一時刻市場裡到底有多少檔基金，因此總會有**某些**基金可以自詡表現良好（只不過是靠運氣，而非實力）。基金表現是隨機分布，永遠會有某些基金表現較好，某些基金表現較差（這就是一般建議投資人緊抱大型指數基金，不要浪費錢在基金經理人身上的根本原因）。

也找找效應

還有一種情況，你會覺得自己見到了訊號，其實只是被隨機雜訊給唬弄了。這種偏誤名叫「也找找效應」(look elsewhere effect)。當你不是在充滿雜訊的資料當中找尋一種可能暗示訊號存在的模式,而是同時尋找數種模式,你就更有可能在隨機雜訊裡找到模式。舉例來說,假設你認爲每天服用一顆阿斯匹靈有助於預防心臟疾病,至少能降低心臟病發作的風險,而你想做醫學研究來檢驗這個假說,於是便召集了一千人開始研究。但你好不容易找來了一千人,可能會想要不要順便再做一個研究,觀察每天服用阿斯匹靈能否降低罹癌風險。你覺得重點可以擺在肺癌和結腸癌,或許再加上氣喘。這就是「也找找」:你觀察的變項比原本預定研究的變項多得多。

讓我們假設最極端的狀況:你決定研究每日服用阿斯匹靈對一百種疾病的影響,但受試者還是原本那一千人。說到這裡你就應該明白了,研究裡出現類似連續七次正面的機率將會提高,因爲原本罕見的巧合將更有機會出現,讓你誤以爲阿斯匹靈對其中某一種(幾種)疾病有作用。這種做法就像擲硬幣非常多次,你會開始見到類似確實有效的跡象。其實,荷爾蒙補充療法和飲用水含鉛影響的研究都已經出現過明顯的案例,研究結果後來都遭到質疑,因爲研究者當初規畫研究內容和分析項目時,根本沒打算探討這麼多變項[47]。

當然,也找找效應是可以化解的,例如檢視資料前,先確定要研究哪些變項,並計算所需的受試人數，這樣研究就可以檢視較多變項，只是需要更多受試者才會具有足以獲得有效結果的統計效力[48]。

明白這一點後，你或許更能體會物理學家在資料裡尋找希格斯玻色子的證據時，面臨的挑戰有多大。他們並不曉得希格斯玻色子的確切質量，也就是不像我們之前給各位看的圖表那樣，有一個箭頭指著正確位置。因此，圖上所有的可疑凸起，他們都必須考慮那有可能是希格斯玻色子存在的訊號，而這就代表他們除了箭頭所指的位置，必須也找找其他地方。當然，粒子物理學家很早就察覺到這個問題，因此早在比較兩個團隊的結果之前，就對什麼才算真正的凸起定下了更高的標準。（回到你的約會對象是否對你感興趣的問題：要是你將對方任何肢體動作都當成可能的證據來源，那你最好將標準拉高一點，否則對方隨意一個動作都可能被你過度解讀：「嘿，他有隻腳開始微微朝向我——還有他左手小指翹起來了，是不是代表他很開心？」你需要的是專注凝視，而非微微一瞥。）

尾聲：脈衝星

上一章講到，珀爾馬特還是博士後研究生時加入了一個研究團隊，一起去智利探測超新星１９８７Ａ的殘骸，結果發現了疑似超新星訊號的變動音高。他們根據地球自轉和繞日公轉造成的都卜勒效應做了微幅修正，圖表上的「變動」音高立刻變成了漂亮的正弦波，看起來就和行星繞行超新星殘骸會出現的波形一模一樣。於是他們寫了一篇論文報告研究成果，並投稿到《自然》期刊。

研究團隊隔年又回到智利，想了解那顆脈衝星一年來發生了什麼變化。他們推斷脈衝頻率會減慢，也就是「音高」會降低，因爲脈衝星以重力波的形式每秒旋轉兩、三千次，會釋出大量能量。他們坐回望遠鏡前，訊號沒有出現。隔天晚上，他們再次觀察，結果訊號回來了，但第三天晚上訊號又變得不大明顯。幾天下來，研究團隊開始察覺，能不能見到脈衝星訊號和天文台另一側使用的儀器有關：只要儀器開著就有脈衝星，沒開就沒有！

珀爾馬特他們用來偵測脈衝星的儀器[49]是超敏銳的光感測系統。就是因爲太敏銳了，以致偵測到另外那台儀器洩出的訊號，而且頻率碰巧和他們預測脈衝星會發出的頻率（約每秒兩千次）差不多，再加上偏移程度經過地球自轉和繞日公轉的修正後，就會變成完美漂亮的正弦波。這就是行爲像訊號，其實是雜訊的故事。當然，對珀爾馬特他們來說，接下來這個月的工作就不是寫論文，而是寫信給《自然》要求撤回投稿，因爲他們其實並未率先發現太陽系外行星存在的第一個證據。

這個故事應該會讓所有讀者心驚膽戰。不論你是否打算成爲科學家，在你人生路上不免會有這種場合，想將大把賭注押在某件事上，賭它不是湊巧從紊亂雜訊變成美麗訊號。但你時不時會賭錯，因爲統計上隨機數字遲早會給你一個驚喜，讓你以爲發現了訊號。

珀爾馬特事後評論道：「幸好當時我還年輕，其他成員都是經驗老道的優秀科學家，而且我認爲我們澄清的速度夠快，因此沒有引來太多反感。但我要說，十多年以後，當我自己的團隊發現宇宙正在加速膨脹的證據，我心底清楚浮現的就是這個誤解雜訊的可能。你會發現，只要被隨機命運教訓過一次，以後永遠都會很謹愼。我們眞的斟酌了很久，才發表宇宙加速膨脹的研究結果。」

珀爾馬特的團隊做了所有交叉檢查與測試，最後才宣布他們的驚人量測結果，顯示宇宙膨脹速度愈來愈快——而且還加上量化的信心水準！——原因可能是之前未知的一種「暗能量」，宇宙行爲都是由這種能量主導。和脈衝星觀察不同，這項成果後來得到許多其他量測結果支持，其中有些使用相同的量測方法，有些則用完全不同的方法三角推算而得。尋找宇宙加速膨脹的原因和可能存在的暗能量，是現代物理學當前的關鍵問題之一。

面對這些情況，科學家必須判斷自己是否蒐集了夠多資料，以便有足夠信心說他們找到了訊號，而非雜訊。日常生活中，我們同樣需要判斷某個狀況是真實模式而非隨機的機率。我們怎麼判斷機率多高才夠，才能暫時認定自己找到了訊號？這就是下一章的主題。

第八章

左右為難：兩種錯誤

我們蒐集到的資料與我們在現實世界裡必須做出的決定，兩者存在著緊張關係。我們必須依據呈堂證供，判斷被告是否犯罪。被告可能眞的有罪（即確實有訊號）或無罪（即檢方的證據是雜訊，而非訊號）。刑事審判時，陪審團成員會見到大量證據，有些似乎證明被告有罪，有些似乎證明被告無罪，因此訊號混在大量雜訊之中，我們對被告有罪與否的判斷涉及機率。但我們不可能等到百分之百確定才做判斷，而是非得做出決定，因此我們要問：「證據夠我做出這樣的選擇嗎？」而我們倚靠的就是證據標準，也就是證據要到什麼程度才能做出結論。不論刑事或民事審判，法官都會教我們怎麼做：唯有當我們認爲檢方或控方做到了法律規定的舉證標準與舉證責任，才能判被告有罪[50]。出了法庭之外，沒有人教我們該採什麼標準。但只要我們面對機率證據做出二元（如是與否）決定，背後一定有標準，即使我們自己沒有察覺。

設定證據標準時，我們必須在兩種錯誤之間取得平衡。例如刑事審判，被告要

【圖表8-1】

		判決	
		「無罪」	「有罪」
世界實際樣態	犯罪	放罪犯逍遙法外	將罪犯定罪
	沒犯罪	放無辜者自由	將無辜者定罪

麼眞的犯下罪行，要麼沒有（世界的實際樣態），而我們不是判被告「有罪」就是「無罪」，因此審判會有四種可能結果（圖表8-1）：

因此，身爲盡責的陪審員，我們的判決充滿風險。結果有兩種是好的，「司法公正」，但也有兩種很糟。想到可能將無辜之人定罪確實令人難受，但如果罪行不輕，讓窮凶極惡之人逍遙法外繼續犯罪也好不到哪裡。

因爲電影和電視，大多數讀者就算沒有進過法院，對刑事審判也不陌生。但我們日常生活有許多地方都會碰上類似的兩難，例如——

- 我應該提前到機場，免得錯過班機，還是登機前才到，免得在候機室浪費時間？
- 我應該包容我青春期小孩的社交生活，讓她感覺到信任，建立自主，還是嚴格一點，盡量降

【圖表8-2】

		決定	
		「沒訊號」	「有訊號」
世界實際樣態	有訊號	偽陰性	真陽性
	沒訊號	真陰性	偽陽性

低她遭遇不測的風險？

- 我們應該管制租金，讓收入較差的人就算房價上漲也繼續有房子住，還是放任房價上揚，讓建商有誘因蓋新房子？
- 我們應該讓躲避戰亂的難民在我們國家落腳，確保其安全與福祉，還是應該禁止他們入境，因爲當中可能有恐怖分子或罪犯？

面對這類問題，科學能幫助我們的，是（暫時）撇開問題的個別細節，專注於問題共有的普遍特徵。因此，我們可以將刑事審判的表格往外類推，做成更通用的版本（圖表8-2）。

在修改過的表格裡，我們對某個訊號是否出現盡量做出最好的判斷，再據此做決定。這個「訊號」可以是任何二元狀態，像是有罪或無罪、值得或不值得政府援助、普通風暴或龍捲風、罹患癌症或沒有罹患癌症等等。當我們認定訊號存在，做出的決定就稱爲陽性；當我們認定訊號不存在，做出的決定就稱爲陰性。這樣會分出四種結果：當實際沒有訊號，而我們正確判斷訊號「不存在」，這就叫「眞陰性」；當我們錯誤判斷訊號「存在」，這就叫「僞陽性」。當實際有訊號，而我們錯誤判斷訊號「不存在」，這就叫「僞陰性」；當我們正確判斷訊號存在，這就叫「眞陽性」。至於僞陰性和僞陽性的緊張關係，你不妨想成一邊是「不作爲之罪」，另一邊是「作爲之罪」。

從這個表格可以看出，直接替決定貼上「正確」或「不正確」的標籤毫無意義，因爲正確和不正確都各有兩種。醫學（訊號可能是「癌症」）和教育測驗（訊號可能是正確解答）等領域，已經不再使用整體準確率（也就是正確決定所占的比例），改採資訊含量更高的判準，例如「靈敏度」（我們判斷訊號存在，訊號也確實存在的比例）和「特異度」（我們判斷訊號不存在，訊號也確實不存在的比例）。任何測驗（從癌症篩檢到醫師執照考試），只要目的在協助我們做預測，都必須同時具備高靈敏度和高特異度。請注意：我們只要**永遠**宣稱「訊號存在」，例如一律判定腫瘤是惡性的，靈敏度就會很高，因爲不可能漏掉癌症的訊號。但如此一來，特異度就會降低——不論看見**什麼**腫瘤都說它是「癌」，診斷就變得毫無意義。任何檢測門檻都必須在靈敏度和特異度之間取得平衡才會有用。

證據標準和錯誤權衡

同樣，在這個充滿雜訊與不確定的世界，我們一定會犯錯。不過，兩種錯誤裡，我們通常只會比較在意其中一種。要是比較不希望發生僞陰性（例如錯過致癌腫瘤），那就將標準（決策門檻）設低一點，更偏向「訊號存在」；要是比較不希望發生僞陽性（不希望嚇到其實沒罹癌的人），那就將標準（決策門檻）設高一點，更偏向「訊號不存在」[51]。

在普通法系國家，陪審員的證據標準比較偏向不將無辜之人定罪。十八世紀的英國法學家布萊克斯通爵士說過一句名言，寧可錯放十名罪人，也勿錯關一名無辜者[52]。因此，法官通常會指示陪審員，除非他們確信「無合理疑點」，否則不要判被告有罪。

對某些人來說，這似乎代表「對犯罪軟弱」，但這樣做是有好理由的。首先，刑事案件是個人對抗整個檢察體系，而檢察體系的資源通常遠大於被告。但更重要的是第二點：許多時候（例如需要「推理」的案件，我們知道犯罪發生，但不知犯人是誰），判無辜者有罪有時**就等於**讓眞犯人逍遙法外。由於這種邏輯不對稱，因此我們嚴格偏向不輕易定罪。

不幸的是，「無合理疑點」這句話是出了名的含混。法官不會明講疑點合不合理，陪審員必須自己搞清楚。一項調查指出，三分之一左右的美國聯邦法官認爲合理疑點代表九五％確定，三分之一左右認爲是九九％，剩下三分之一選擇其他數字。本書作者之一的麥考恩曾經估計陪審員實際使用的判斷門檻，但似乎遠低於九五％。

糟糕的是，這份含混造成的迴旋空間，替陪審員的偏見開了後門。爲了示範這一點，我們假想了一個法律案件讓學生做判斷。一半學生拿到的刑事案件說明裡包含以下關鍵資訊：「被告爲二十歲加州大學學生，曾被控於當地一家酒吧外的停車場傷害他人」。另一半學生則得知被告爲「二十一歲柏克萊居民，無業」。我們請兩群學生判斷被告確實有罪的機率，結果發現即使證據相同，得知被告是無業居民的學生更常認定被告有罪。換句話說，我們的學生更願意對同爲學生的被告採取「無罪推論」。

同樣的，當我們問學生，他們認爲誤判無辜者或錯放有罪者有多糟，得知被告是無業居民的學生更擔心大學生被誤判，勝過無業居民被誤判。其他研究也發現了這種偏見，陪審員的標準會因被告的種族、外貌吸引力和其他特質而易，即使這些特質與犯罪事實沒有任何邏輯關聯也不例外。

【圖表8-3】

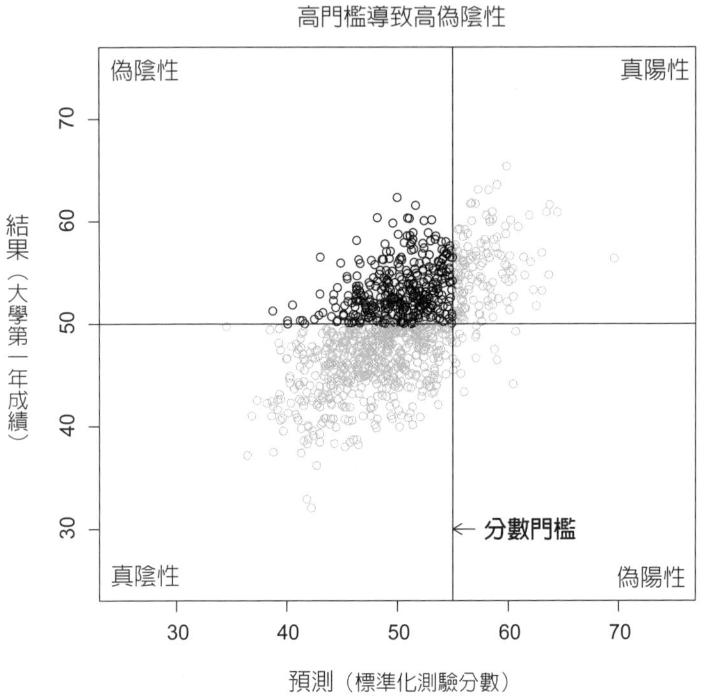

實例：標準化測驗和大學入學

爲了說明選擇與可能犯的錯誤之間的連動關係，讓我們拿美國大學入學標準與學生表現來舉例。多年以來，美國大專院校都要求申請者接受知識與認知能力的標準化測驗，也就是學術性向測驗（SAT）或大學入學測驗（ACT）。【圖表8-3、8-4】顯示標準

【圖表8-4】

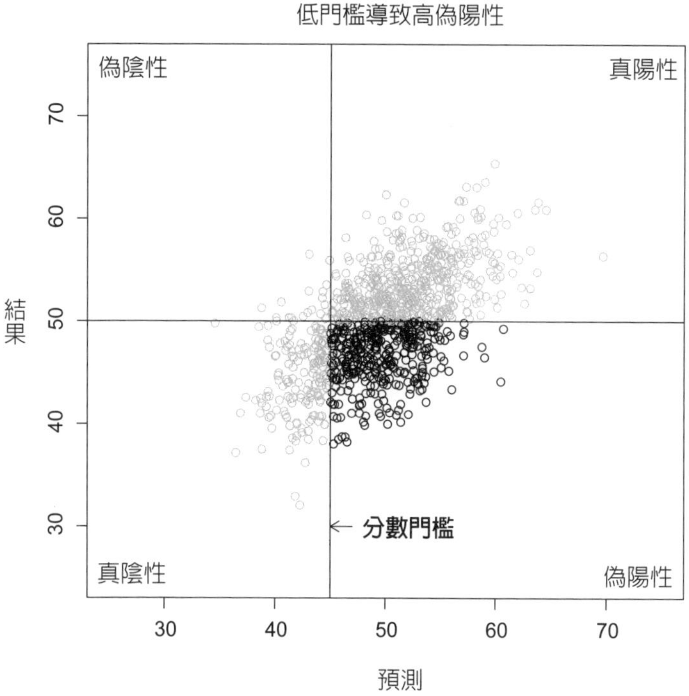

化測驗分數（預測因子）和學生入學第一年課業表現的關係，分數從零到一百。

【圖表8-3】中，每個點代表一位入學申請者（申請者其實有數百甚至數千人，因此不妨將每個點想成代表一百位分數相同的學生）。

一條水平線將圖一分爲二。那是學校的課業標準，線以上的學生成績良好，線以下的學生處於「留校察看」狀態，嚴重可能退學。垂直線則代表學校通常用來決定錄取與否的分數門檻。**但這一年，所有申請者一概錄取，以便觀察那些原本不會錄取的學生入學後表現如何**。兩條線畫出我們已經熟悉的二乘二表格，包括兩種預測成功（眞陽性和眞陰性）和兩種預測失敗（僞陽性和僞陰性）。仔細看會發現，所有的點大致形成一條左下到右上的對角線。這表示預測因子（學術性向測驗分數）和結果（大學成績出色）正相關，即使遠非完美。

圖表中可以看出，高分數門檻會造成僞陽性分數相對較少，也就是降低錄取入學後表現會不及格的學生的機率。但這樣做會造成大量僞陰性錯誤，讓入學後應該會表現出色的學生沒被錄取。

假設新任校長表示，她想讓更多申請者獲得高等教育的公平機會。【圖表8-4】顯示降低分數門檻的結果。僞陰性錯誤是減少了，但並非毫無代價：僞陽性錯誤大量增加，也就是錄取入學後可能讀得很吃力的學生。

除非有調教精準的水晶球，否則我們一爲預測因子和結果設下門檻或界線值，就不可免地會犯錯，做不到只讓入學後將表現出色的學生入學。設定這類門檻不是科學或數學計算，而是好壞取捨，反映出我們的價值觀，展現我們願意接受哪一種錯誤[53]。現實世界的決定可以靠資料科學或數學原理（如訊號偵測理論）指導，但

【圖表8-5】

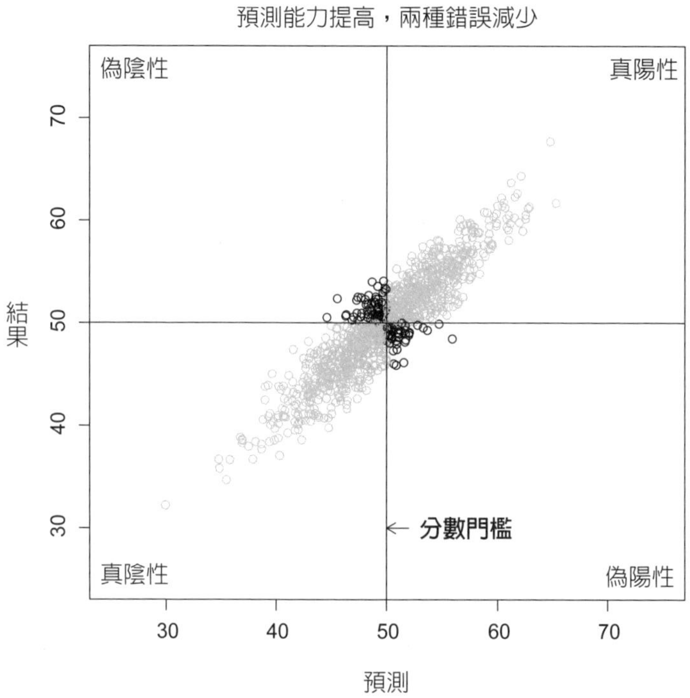

必然涉及價值判斷，而我們沒有理由相信科學家面對這些權衡會做得比常人好。這些價值判斷需要綜合利害關係人（大學管理層、教師、入學申請者和他們的父母）的價值才能確定。

調高界線值會減少僞陽性錯誤，但會增加僞陰性錯誤，調低界線值則是相反。這是否代表科學無法解決這種兩難？當然不是。【圖表8-5】顯示我們不僅調整界線値，而且調整資源設計出更能預測學業表現的新測驗的模擬結果。仔細看會發現，資料變得更集中、對角更明顯，而且兩種錯誤都大幅減少。因此，科學方法雖然短期內無法解決權衡兩難，但只要我們肯投資必要的研發，有時長期確實能大幅降低這種兩難[54]。

實例：醫療檢驗

關於兩種錯誤的風險取捨，還有一個例子是醫療檢驗。本節將用這個例子說明影響錯誤率的另一個因素「基本比率」，也就是訊號確實存在的比例。

《紐約時報》最近刊出報導，描述幾個罕見疾病，包括狄喬治症候群和沃夫－霍許宏氏症候群，幾乎所有檢驗爲陽性的患者事後證明都是陰性，比例高達八一至九三％[55]。這表示檢驗毫無價値嗎？幸好，絕大多數接受醫療檢驗的人都不是這些罕病患者。我們實際測得的僞陽性人數不僅取決於醫療檢驗的不準確度（即檢驗的僞陽性和僞陰性率），還取決於疾病有多常見。當檢驗不全然準確且大多數受驗者其實都沒患病，僞陽性多於眞陽性的原因其實很簡單，因爲眞陽性本來就少（你可能已經猜到了，科學家有方法計算這件事，這個方法就叫貝氏定理[56]）。

儘管僞陽性率高，檢驗還是有其價值，因爲它能讓眞患者接受該有的治療，而且好在我們通常也不會讓僞陽性患者擔心太久或接受不必要的治療，而是讓他們再做其他檢驗，雖然比較貴，但僞陽性率比較低。我們可以讓檢驗爲陽性的人接受這種費用較高的檢驗，藉此修正錯誤。

（部分）摸黑飛行

前文用二乘二表格分析了錯誤類型，但在許多現實情境裡，這四個象限從來不會統統見到。就拿我們三位作者任教的柏克萊分校和史丹佛大學來說吧。我們經常跟學生說他們很棒（也沒說錯），是人中龍鳳，能錄取他們是我們走運。儘管如此，招生委員很清楚，只要再往下撈，肯定會找到一堆出色但沒能錄取的學生。只不過，我們其實永遠無法得知沒有錄取這些學生是對是錯，因爲我們永遠不會看到他們要是眞的進入本校的表現，也不會知道我們錄取的學生如果進了其他大學會不會更優秀。我們永遠不會見到做出相反選擇的我們學校。

不過，一九七三年發生過一件有趣的事。長久以來，美國不斷有人爭論精神科醫師和假釋委員是否有能力判斷囚犯或精神病患太過危險，不得釋放或讓他們出院。但由於政府預算不足，有些監獄或精神病院不得不放人離開。因此，即使精神科醫師判斷某些人太危險，不該放出院，官員卻仍然表示：「欸，不管你們怎麼說，我們就是會放他們出院。」換句話說，我們這下就能觀察那些被視爲危險的人獲釋後表現如何。結果證明，絕大多數被判定「危險」的人，獲釋後三年都沒有暴力犯罪。感覺上，裁決者通常寧可接受高僞陽性率，也不想爲放走危險之人而負責。他們似乎將社會安全置於個人權利之上。至於他們抓的平衡是對是錯，不同人會有不同看法。

左右爲難

我們已經見到，僞陽性和僞陰性是很不好取捨的兩難。我們很難同時降低兩者。必須再次強調，**設定門檻或界線值是一種權衡**，反映一個組織對錯誤的相對代價做何判斷。這個判斷本質上是政治決定，涉及價值，而非科學。

因此，讓我們重申本章要點：科學可以告訴我們如何估算機率，但無法告訴我們如何設定決策門檻。我們的證據標準（或決策閾值）來自價值判斷，也就是某一情況下，我們更想避免哪一種錯誤？

科學家和科學至上者有時會忽視這一點。就拿新冠疫情初期該不該封城來說吧。這裡先不進行爭論，只說我們認爲科學上有強力理由支持封城可以減少病毒傳播。但除了病毒傳播的風險，還必須考量封城造成的傷害。也許這些風險最終都可以量化，但在必須做出決定的當下，我們是做不到的，因爲所知有限。許多人根據醫療科學主張封城對公共衛生有益，我們認爲他們說得沒錯，但這不表示科學主張我們非封城不可，因爲封城還會造成其他許多影響。就像買車，我們都會在安全配備與價格之間權衡取捨。強制封城也有彼此衝突的好處與代價，除了考量公共衛生，還必須顧慮經濟、教育和其他面向。本書第十六和第十七章將繼續討論這一點，說明社會如何處理設定決策門檻的價值問題。

錯誤取捨與「統計顯著」

學過統計學概論的讀者就會知道，統計學裡的假設檢定也有同樣的權衡取捨。你可能聽過「統計顯著」這個字眼。它是由 $p < 0.05$ 這樣一個神奇數字決定，也就是p值——基本上就是兩件事其實沒有關聯，資料裡卻出現了如你所見到的關聯的機率。

這個設定很有爭議。得到 p 值 0.049 的人歡天喜地，得到 p 值 0.051 如喪考妣。許多人都覺得這不合理。我們爲何對如此微小的機率差異這樣嚴格，說前者顯著，後者不顯著？

0.05 這個數字其實是上一代統計學家武斷選定的，因爲他們出於慣例，認定避免僞陽性比避免僞陰性重要。原則上，我們當然可以提高或降低這個門檻。當我們說效果不存在，結果其實存在，或許對科學更有害。

這點很麻煩，因爲有些公共政策需要在現實環境裡檢驗介入的效果，可是樣本很少，量測又充滿雜訊，以致很難偵測到訊號。加上我們設了如此嚴格的門檻，以防其實沒有效果，卻有人宣稱效果存在，因此就算確實有效果，但只要效果很小（因爲這時要取得 $p < 0.05$ 比較難），我們就不能主張效果存在。在資料量少又充滿雜訊的領域或環境裡，使用如此嚴格的門檻或許會讓我們偵測不到訊號，以致政府錯失了許多有效的介入措施。但要不要減少這種錯失終究是價值判斷。

取捨可以不這麼難嗎？

我們已經看到，科學可以改善預測工具的品質來降低決策錯誤，也有其他步驟因應取捨的兩難。

有些時候（其實我們認爲是許多時候）可以採用試行的方式，實施方案之後檢視結果再決定是否修改決定，例如立法時納入「落日條款」，規定某項計畫必須先經過評估才能繼續取得經費。當然，這樣做也有麻煩，因爲落日條款可能誘使政黨爲了支持或反對計畫而扭曲證據。

有時我們可以暫時不做判斷，等蒐集了更多證據再做決定。如同本書始終強調的，**有時給出意見還爲時過早**。經濟局勢不明朗時，父母和小孩會延後購屋或換工作的決定。醫師會等檢驗結果不那麼模糊了，才決定要不要做侵入式手術。當然，有些情況不能等，需要立刻做決定，譬如市長得知洪水警報時，必須馬上決定是否要疏散市民；國防官員發現有飛機闖入管制空域時，必須決定是否開火；陪審員不能說「呃，法官大人，我們認爲被告有罪的可能性是百分之八十二」，因爲法官會直接請陪審員回陪審團室，直到做出決定再出來。

希望你讀完本章之後可以明白，人與人看法不同，有時不是在吵**事實**，而是在吵正確的**證據標準**，也就是我們認爲足以令某方改變看法的證據量多寡。

這是機率思維的本質。我們不能期待百分之百確定，因此必須決定多少證據才算夠。由於無法完全確定，一項政策就算再有證據支持也可能出錯。你我或許都同意，不幫助有需要的人是不好的，政府的慷慨被濫用也是不好的，我們看法不同之處，或許只在哪一種情況更糟。清楚說明我們對這些議題的看法，雖然不會消除分歧，卻能大大釐清分歧。而你我都會同意，提高預測準確度可以減少本章所介紹的兩類錯誤。

第九章
統計與系統不確定性

要是世界上所有物體和它們的性質都是這樣或那樣就好了！要是所有人身高都是九十或一百七十公分，那在你上網買完票，大老遠開車到迪士尼樂園之前，很容易就能判斷你的五歲女兒身高夠不夠，能不能玩樂園裡的大部分遊樂設施。但在現實生活中，你只能把興奮的女兒叫來量身高。即使她可能已經符合一百公分的身高限制，但你手上卻只有在抽屜深處找到的舊捲尺，量完發現女兒的身高很接近「夠高」的標準。當你顫抖著緊握捲尺的手（讓量測產生雜訊），心想「太好了」的時候，很快又覺得「不行」，你或許應該多量幾次，然後平均，這樣才能去掉手抖造成的雜訊干擾。但你隨即想起，自己好像有一回忘了把捲尺從褲子口袋裡拿出來，結果放進洗衣機一起洗了，不知道捲尺有沒有縮水（褲子倒是縮了！）。要是有縮水，就算多量幾次再平均也沒有用。唉……

這個悲慘故事提到了另一個很有用的概念工具，能幫助我們應對現實世界中的不確定與雜訊。首先，雜訊和不確定干擾測量的途徑有兩種：量測值有時會不規則變動（例如拿著捲尺的手在晃），但可以靠平均來消除；有時則會規律偏向某一方（例如捲尺因爲洗過而縮水，**所有**量測值都會比實際值高）。假設眞的想量化信心水準，同時明白量測值的隨機變動可能造成我們對世界的錯誤印象，我們就必須有辦法處理不規則變動和規則變動所造成的妨礙。

科學提供了一套有用的語言與方法，幫我們解決這個難題。事實上，知道如何以最佳方式處理各種雜訊與不確定，對某些科學領域實在太重要了，以致這些領域甚至發明了專門的術語，儘管用字不盡相同，但意思都很接近。珀爾馬特和同行物理學家通常稱這兩種雜訊來源爲**統計不確定**和**系統不確定**，麥考恩和同行社會心理學家可能會用**信度**與**校度**這兩個詞，統計學家則可能會分精確度與準確度，或使用聽起來更術語的**變異數**與**偏誤**（bias）——這是專業用語，切勿和 bias 在日常英語裡的意思（即偏見）搞混。由於這些術語意思上稍有差異（本章稍後會再談到其中幾個），因此我們三位作者中的哲學家坎貝爾會視情況選擇最適合的用語。

體重計

爲了理解這些術語，讓我們同樣從一個具體例子說起，好讓各位了解這兩種不確定在日常生活裡如何出現。假設你去看醫生，醫生建議你爲了健康最好減重三公斤，之後你便出差去了。你每到一間旅館都會量體重，而且每次使用的體重計都不一樣。第一次量完，你對自己說：「嘿，這就有趣了。看來我比我以爲的輕了一．五公斤，說不定是體重計不準。」接著你去了另一個城市，用了另一個體重計，結果：「你看，這個體重計說我比我以爲的重一公斤。」你開始懷疑旅館懶得校正體重計。出差那一整個月，你待了許多旅館，用了許多體重計。你心想，只要把你量到的所有數字平均，可能就是你實際的體重，因爲在你看來，所有這些體重計都偏高或偏低的可能性非常小。

回到家後，你用家裡的體重計量體重，但你不知道家裡的體重計有偏誤，量出的體重永遠比實際輕二．五公斤。你起先以爲可能是出差瘦了，但每天量體重一個月後，量出的體重還是比出差時量的平均值輕二．五公斤。事實上，你量多少次都沒差，你永遠會很開心，自己一直保持瘦了二．五公斤。當然，這就是科學家不斷想找方法辨別的情況：你想知道自己持續取得的好結果（量了許多次體重，數字都一樣）是不是偏離了實際狀況（和實際體重相差二．五公斤）。

科學家就是以此區分兩種不確定，並分別命名：**統計不確定**是指造成量測值不規則分布在正確值上下的雜訊來源，例如不同旅館裡的體重計量出的數字差異。當雜訊只來自統計不確定，只要平均所有量測值就一定能接近正確值。另一方面，**系統不確定**則是指造成量測值永遠偏向一邊（不是偏高就是偏低）的雜訊來源，就像剛才的例子裡，你家不準的體重計量出來的數字永遠會偏低。當雜訊只來自系統不確定，不論你量測多少次都沒用，就算取平均值也只會得出「偏誤」的結果，不會接近正確值[57]。

關於這兩種不確定，有趣之處在於你一旦明白兩者的區別，就知道必須採取不同的策略分別處理它們，才能獲得好的量測值（也就是訊號清晰，雜訊干擾不嚴重）。假如你每次重量，結果都不規則變動（可能你努力抓穩捲尺，手還是微微顫動），你就需要再量非常多次，好將統計不確定給平均掉，或找一個手更穩的人幫你量，以便得出更一致的結果。當你覺得問題出在系統不確定，這就比較麻煩了。因此，科學家的焦點（和本章接下來的討論）主要擺在如何處理系統不確定的方法上。

處理系統不確定

面對可能存在的系統不確定，你大可以發揮創意，因爲你要做的第一件事就是想像量測值固定偏向某一邊的可能原因。捲尺是否被拉長或縮水了，所以不管怎麼量，數字都會偏高或偏低？一般人挑選體重計，是否有意無意會選擇量出來數字偏低的，以致你到朋友家裡用的體重計都是如此？你要做的第二件事就是檢驗這個系統偏誤，甚至抑制偏誤對量測的影響，譬如你能找到其他比較可靠的捲尺或體重計，比較量出來的身高或體重嗎？或者，就算你無法確定系統偏誤是否存在，還是可以用某種方法進行量測，且不受量測工具偏誤的影響？第二種做法聽起來很違反直覺——偏誤怎麼可能不會影響？——因此最好用一個例子來解釋。

假設莎拉想參加一千六百公尺賽跑，總共繞跑道四圈。教練想測量她第三圈的速度，所以莎拉每回通過第三圈起跑線，教練就會按下碼表按鈕計時，等她再次經過起跑線（準備跑第四圈）再按停碼表。

檢視碼表記下的數字時，我們首先要考慮統計不確定出現的幾種可能，例如莎拉可能不是每回第三圈都跑得一樣快，或者教練可能不是每次都在同一瞬間按下碼表，有時快一點，有時慢一點。遇到這類情況，只要將每次訓練測得的數字（但不是同次訓練測得的數字，因為莎拉可能愈跑愈累）平均就可以解決。其實，通常只要將量測值加以平均，就能減少統計不確定。但要是教練對莎拉通過起跑線的反應總是慢半拍，碼表總是晚按了一點呢？這聽來顯然像是系統偏誤的來源，因為就算多測幾次，也無法藉由平均值去掉反應太慢的影響。

不過，你可能已經察覺到了，根據前面的描述，教練按碼表太慢會影響計時兩次，開始和結束計時各一次。因此，只要教練開始和結束計時（也就是第四圈開始）晚按碼表的反應相同，兩者就會互相抵銷，不會造成量測值偏誤。這個例子聽起來可能有點假，感覺只是運氣好，但這種有創意的解決方式，正是科學家面對惱人的系統不確定時想找到的方法。還記得之前提到醫療實驗，受試者會被隨機分派到服用藥物組和不服用藥物的對照組嗎？這種做法相當聰明，因爲只要比較兩組結果，就可以去除可能造成結果偏誤的系統不確定來源。

現實世界中的系統不確定

我們希望，不論系統不確定在哪裡出現，我們都能對它的來源（及可能的解決方法）保持敏感。接下來將討論兩個實際案例，這兩個例子都影響深遠，只是方式不同。第一個例子在現實中很重要。當你投票給比較沒沒無聞的候選人（例如學校董事會成員），而且並沒有關注選舉議題或候選人，就可能遇到這種系統不確定。

研究顯示，當選民在選票上見到候選人的名字，可是對候選人一無所知，那麼當其他條件保持不變，選民投給選票上第一位候選人的比例會高一點點，其得票率比其餘候選人高出五%左右。這點影響可不小，因爲在許多選舉裡，五%的得票率差距就足以輕鬆勝選。

講起來可能很妙，但是讀到和聽到候選人名字的效果正好相反：當民調人員在電話中詢問選民可能投給誰，選民聽完民調人員念完所有候選人的名字後，通常**最後**念到的候選人最有利。這樣想來，假如在選舉期間，某候選人的名字被擺在選票上第一位，而民調人員在電話裡都按選票上的順序念出候選人的名字，那麼根據選前民調所做出的預測可能完全錯誤，因爲選票上第一位候選人在電話民調裡可能會有五%的劣勢，但在實際選舉中卻可能得到五%的優勢。

這實在太扯了！既然知道可能有這種系統偏誤，怎麼還會讓每張選票上的候選人順序完全相同？美國加州州議員選舉時，有人發現候選人名字順序會造成系統偏誤，但他們提出的解決辦法是先隨機決定候選人順序，再按照這個順序印在**所有**選票上。這顯然無法解決問題。除非你對公平的看法與眾不同，才會覺得這叫公平，只因每位候選人都可能被擺在選票上第一位，拿到五%的優勢。但這顯然不是我們追求的目標。我們不僅希望自己在測量錯誤上是公平的，更希望正確掌握那些心裡已有定見的選民想投給誰、支持什麼，不受那些顯然只根據選票上順序決定的五%

選民干擾。有趣的是，加州州議員或國會議員選舉都沒有犯這個錯，因爲選票是各郡獨立印製的，選票上的候選人順序也會隨州裡五十八個郡而不同。這種做法雖不完美，卻應該有助於抵銷選票上位列第一的優勢，就像前面提到的例子裡，你在不同旅館測得的體重平均後會將偏誤抵銷一樣。

第二個實際案例告訴我們，辨別和解決統計與系統不確定的影響可能有多大。當前此刻，我們對全球溫度變化的測量是對是錯至關重要，因爲只要理解錯誤（當然是機率思考式的理解！）就可能造成巨大傷害，不是誤解問題而採取錯誤的行動，就是不採取行動而導致氣候災難發生。

過去一百年來，全球各地的氣象學家每天都用溫度計追蹤當地溫度，並每天檢查自己所用的溫度計。氣候科學家使用這些量測值估算地球平均溫度的變化，得出我們在第六章見到的圖表，顯示過去一百年來，地球平均溫度上升了。在這件事上，統計和系統不確定顯然都有影響。首先，氣象學家每天量測的溫度值充滿了各種雜訊，因爲不同地方、不同天和不同年的氣候都有微小差異，而且有些溫度計品質很差。我們必須找出這些不確定，並且列爲「統計不確定」，因爲只要數據量夠大，就能用平均值去掉這些差異。眞正麻煩的是二十世紀末和二十世紀初有所出入的系統不確定。

不因時間而易的系統不確定會被抵銷（就像莎拉教練按碼表太慢），因此不用在意。假如全球氣象學家每天都在下午最熱時測量氣溫，測得的數字就會穩定高於當日的平均溫度。但只要一百年來這個錯誤天天犯，就不會造成氣溫變化量測值出現系統偏誤。

另一方面，如果測量偏誤確實隨時間而易，我們就必須考慮溫度變化量測值可能存在系統不確定，譬如測量**地點**的系統性改變。二十世紀初，氣溫量測主要來自歐洲和北美洲，因爲記錄者都住在那裡，但後來非洲、南美洲和亞洲的貢獻逐漸追了上來。另外一個地理改變可能來自都市化。一百年來，愈來愈多溫度量測在都市或其外圍進行，因爲愈來愈多人在都市定居，而我們都知道都市普遍比郊區更熱，因爲所謂的都市熱島效應。

過去幾十年來，由於全球暖化問題引發了重要的政策問題，使得這類系統不確定成爲關注焦點。有團隊進行了對照研究，比較過去一百年來，都市附近和鄉村的氣溫變化（珀爾馬特協助了這項研究）。這樣做可以有效控制這個系統不確定的來源。團隊發現，都市和鄉村**之間**的溫度變化差異遠小於我們所關注的暖化現象，顯示都市化並非過去一百年來影響全球溫度變化的主要系統偏誤。

那麼，每天量測氣溫的時間呢？調查發現，讀取氣溫（以便計算每日平均溫度）的方式和時間確實變了。例如，二十世紀初，美國國家氣象局建議日落前後讀取氣溫，但到了二十世紀末，美國大多數氣溫量測都在清晨（可能因爲比較涼）。如此一來，每個時期的平均溫度就很難確定，因爲我們必須糾正做法不同造成的差異。

讀取氣溫的做法還有一個地方變了，就是測量海面溫度。二十世紀初，測量人員會將桶子從船上拋到海裡，然後撈起海水測量溫度。二戰期間，做法改成將溫度計放在船的進水口附近，而船設置進水口是爲了抽水冷卻引擎。不難想見，兩種方法得出的結果略有不同。首先，進水口附近的海水遠比桶子撈到的海水還深。其次，測量人員顯然不曉得這些數值日後會用來相互比較，因此沒有交叉校準。他們測量溫度另有他用。於是，科學家在檢視使用這些海水溫度量測值的研究時，都得小心兩種方式測得的溫度有著未知的落差，而且現在很難判斷落差有多少，因爲我們再也找不到當時的船，拿桶子和進水口取得的水溫做比較。

一旦知道量測溫度的方法有變，我們就可以研究這項改變。在上述例子裡，我們必須量測方法改變造成的「氣溫量測偏移」，而且這些偏移本身也有著統計不確定。當然，我們對全球氣溫變化的最佳推估會因此平添不確定，但好消息是，一旦這些偏移成爲另一個有待測量的值，就可以使用本書前幾章介紹的機率推理來量化不確定，並設定開始採取行動的「確定度」門檻。比方說，假若我們認爲全球氣溫變化後果嚴重，就可以做出決定，只要對氣溫上升有百分之七十五的信心就採取行動。反之，假若我們認爲採取行動會大幅影響全球經濟，就能決定必須有百分之九十五的信心才開始行動。

系統不確定的創新挑戰

從上述例子可以看到，量測全球氣溫變化存在許多可能的系統偏誤來源，而每個來源都有方法可以處理：有些來源我們可以在量測時用方法抵銷掉，有些來源我們會測量系統偏誤的效應，將它轉成比較好處理的統計不確定，還有些（這裡沒談到的）來源我們只需證明系統偏誤的程度不大，對量測不構成影響。不論如何，只**要找到**這些系統不確定的可能來源，就能加以研究與解釋。因此，許多科學訓練的目的都是讓科學家更有能力辨別不確定的來源，並想出各種有創意的方法來控制、抵銷或測量這些不確定，好讓量測不要太不確定，以致無法用它來做決定。

後續章節會討論意見不同之人彼此合作的重要性，其中最主要的一個理由，就是當你挑戰別人的立場，揪出系統不確定的來源就忽然變得很容易！因此，要想找到可能扭曲量測值的系統不確定，不妨去找會提出挑戰的人（即使那很痛苦）。互相審視和嚴厲批評同行的研究向來是科學家的傳統；只要這點做得好，對科學家尋找系統不確定就是重要的助力，甚至比他們受過的任何訓練都還有用。只要你開始對系統偏誤問題敏感，可能就會開始在日常做決定所仰賴的證據裡見到或尋找可能的系統偏誤（比方說，當你老闆修改你寫的東西或不同意你的建議，你可能比較會察覺系統偏誤的問題，但如果老闆直接採納你寫的東西，你可能就不大會察覺；這種自我評價時的系統偏誤可能會錯誤導致你另謀他就）。但出了科學社群，你就比較難找到人不同意你，幫你找出你的系統偏誤（這裡的偏誤可能**同時**包含學術所講的偏誤和日常所說的偏見）。

此外，我們現在應該知道，當我們必須依據科學家的研究結果做決定，例如該吃什麼藥、該不該支持水力壓裂取得天然氣，必須檢查科學家在研究裡是否廣泛檢討了系統不確定。爲此，我們可能想知道是不是已經有其他科學家檢討了系統不確定。當專家解釋他們爲何相信某些科學發現時，我們都會期待他們回答這些問題。

助記符號

本章區分了統計不確定與系統不確定。爲了讓這個區分更清楚、更好記，我們常會用一個比喻。假設測量就像射飛鏢，每支鏢是一次量測，我們就能想像飛鏢（繞著紅心）的分布就等於測量的不確定，也就是偏離正確答案的程度。如同先前所討論的，偏離眞正答案有兩種方式，一種是不規則地圍繞在正確結果四周（即統計不確定），一種是規律偏向正確結果的某一邊（即系統偏離）。用飛鏢來比喻，我們就可以將統計不確定想成繞著紅心的一群飛鏢，系統不確定則是所有飛鏢都射到紅心外的某一邊。統計不確定愈大，圍繞紅心的那圈飛鏢離紅心愈遠；系統不確定愈大，飛鏢集體偏離紅心愈遠。當然，我們的量測值通常兩種偏離都有，因此飛鏢會散布在紅心四周（系統不確定），而且其幾何中心會偏離紅心（統計不確定）。【圖表9-1】的鏢靶圖代表連續量測的四種可能結果，包括兩種不確定造成的較輕微和較嚴重的狀況[58]。

用這種方法來了解兩種不確定，可能比較具體，而且可以解釋其他領域使用的不同術語。例如，【圖表9-1】的下半兩個鏢靶圖，飛鏢比較集中，就可以稱作「變異數較小」；右半兩個鏢靶圖，飛鏢離紅心較近，可以稱作「偏誤較小」[59]。

【圖表9-1】

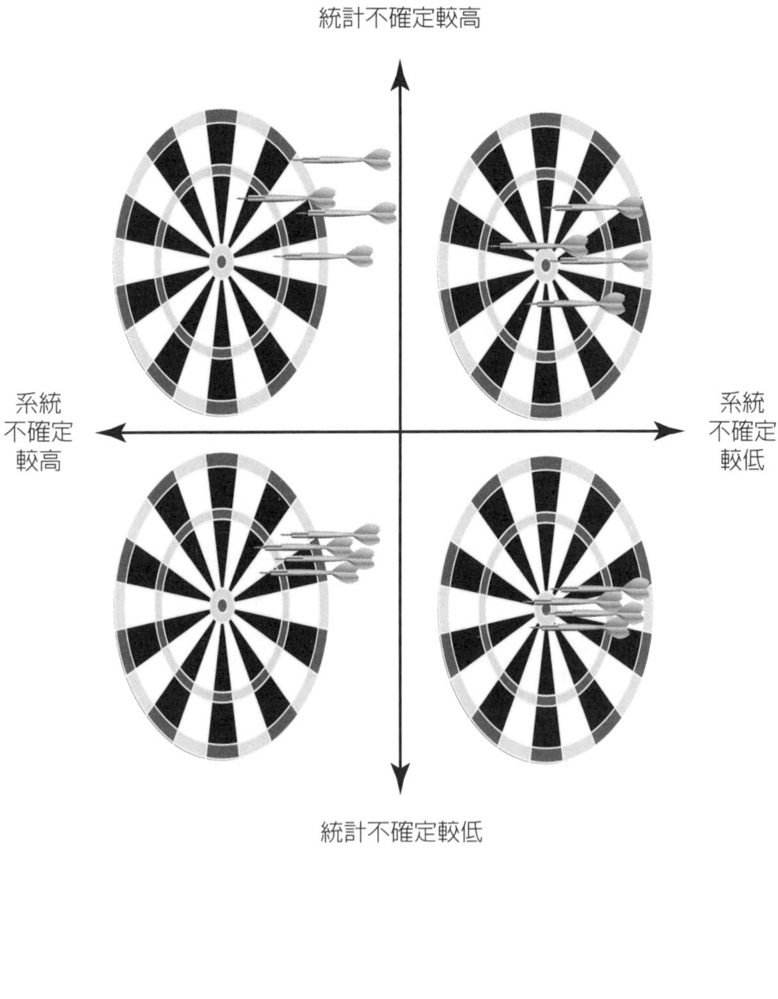
統計不確定較高
系統不確定較高
系統不確定較低
統計不確定較低

再次思考「三角推算」

由於統計不確定比較好處理，麻煩的是系統不確定，你可能開始擔心了。光聽系統不確定這個名字就覺得很難！我們不僅得發揮想像力，猜想系統不確定可能怎麼欺騙我們，而且無法確定找得出所有可能！更別說我們還沒討論人類偏誤所造成的系統錯誤呢——也就是第十二章要討論的「動機性推理」[60]。

驚慌之前（我們怎麼相信某個量測能幫我們做決定？），不妨先瞧瞧有哪些科學思考元素不僅可以讓我們安心，還帶來一線生機，讓我們對處理這些不確定產生一些信心。第一個元素就是三角推算。

第二章曾提到，三角推算就是使用多種工具（有時是強化我們某些感官）讓我們對實在的認識勝過只用一個工具。就本章討論的議題來說，三角推算能帶來一種好處：當我們使用的量測方法夠多，而每種方法都有某些種類的系統不確定，那麼只要這些方法都得出相同結果，這些系統不確定就不大可能「合謀」，給我們同一個扭曲（不正確）的結果。

比方說，假設市長選舉在即，我們想測量某個城市的選民投票意向。假設我們隨機蒐集的選民樣本夠多，足以確保統計不確定很低[61]，但我們很擔心之前討論過的兩種系統不確定來源，也就是選票會偏袒位列第一的候選人，唱名會偏袒位列最後的候選人。這時，只要民調半數用電話以口頭進行，半數在網路以書面進行，就能在這兩種系統不確定之間進行三角推算，因為這兩種民調方法各會造成其中一種系統不確定。要是兩種民調方法得出的結果相同，我們就有把握這兩種系統不確定都沒有太大影響；就算不同，我們也能用結果的差異來推算其中一種（或兩種）系統不確定造成的偏誤大小。

深入理解了這個重要的科學思考工具，並研究了統計與系統不確定的來源後，就來重新綜觀全局吧。我們必須探討這些不確定的來源，做決定時才更能掌控這些不確定，根據意在幫助我們掌握共享實在的量測值來做決定。本書第二部闡明了「基於實在」的決策有賴於我們從機率角度理解實在的能力，第一部則介紹了一些技巧，幫助我們找出解決問題與改變世界的「因果槓桿」。必須提醒自己，這些技巧雖然讓我們對因果槓桿有機率性的信心，但我們也需要找出可能削弱信心的統計與系統雜訊。

這樣聽來，我們得留心的事情很多——你說得對極了！第三部將介紹科學的另一項祕密武器。這項武器可以讓我們在種種因果因素、機率、系統不確定和偵測門檻之中保持頭腦清醒，而起點就是科學思維的進取精神。

第三部

事在人爲的進取精神

第十章 科學樂觀心態

你挑戰過需要動腦的問題或謎團嗎？最長花過多少時間？十分鐘、兩小時、一天、一個月還是一年、十年？被我們問過的人，絕大多數都不記得自己曾經花幾小時以上解決問題或謎題，有的話頂多也只是幾天。但世界上有多少難題是只要幾天就能解決的？這世界哪有那麼容易！對正在閱讀本書的你來說，起碼一個月才算公道。

鍥而不捨解決一個問題是一種挑戰，而且問題有大有小。假如你在一九六〇年代擔任美國太空總署署長，你願意花多少時間嘗試將人送上月球？你和另一半又願意花多少時間組裝書房用的宜家家居櫥櫃（宜家的組裝圖示可沒那麼容易誤解吧）？

問題是人天生就懶。這不是我們的錯，可能是演化要我們藉此節省能量。而且說來奇怪，似乎正是因爲思考很耗能[62]，我們才能免則免，就像面對高山我們會想盡辦法繞過一樣。只不過，重要問題通常需要努力思考才能解決，而前文提到，在種種任務中，我們懶惰的大腦需要耗費可觀心力才能察覺自己在什麼情況下可能自欺欺人，將假模式認成雜訊裡的訊號，或是找出可能的系統不確定來源，防止重要量測因此偏誤。本書第四部將進一步探討這些考驗我們清晰思考的心智難關。

更糟的是，我們不僅懶惰，連對新事物好奇這項優點也常害我們弄巧成拙。因爲問題只要過了一、兩天就不再新鮮，我們可能會開始對其他事物好奇。此外，就算我們似乎眞的喜歡出於好奇而對世界產生新的理解，並因此有動力專注於一個問題，但只要進展太慢，沒有稍做努力就獲得成果，我們就會喪氣，好奇與懶惰就此死亡交叉[63]！

所以，面對人類無法堅持的毛病，我們該怎麼辦？這時，科學裡一項很少有人談到的祕密武器就派上用場了。這項武器是科學文化逐步發展出來的一種心靈把戲，名字就叫**科學樂觀心態**。科學樂觀心態並不是一般的樂觀主義，而是一種「事在人爲」的精神，相信手邊問題只要靠你（或你的團隊）就能解決。面對複雜問題，只要把它當成你能解決的問題，就更有機會眞的解決。基本上，科學家發明了各種方法欺騙自己，讓自己相信問題可以由他們解決，只要堅持到問題眞的解決爲止——雖然本書的目標就是想幫你避免欺騙自己，但只有這次例外！

歷史上有許多例子，人們原以爲某件事不可能，但當聽到世界上某個地方有某人做到了，忽然間許多人都開始做得到了。他們心想：「慢點，那個人知道怎麼做，這就表示這件事肯定辦得到。」於是開始不斷嘗試。「欸，他們也許是這樣做的……不對，這樣做沒有用，也許那樣做才對……」一旦發現問題有可能解決，就會找到不放棄的動力，最終也許會想出和最初解決問題的人完全不一樣的解法。

你不妨把它想成世人認爲永遠不會被打破的運動紀錄，例如四分鐘跑一千六百公尺。我們都聽過這樣的故事，一旦有人證明做得到，這些看似不可能打破的人類極限幾乎總是會被超越。回到認知型的問題解決情境。想像兩種情況，一種是你用廢棄的宜家櫥櫃零件組成一個櫥櫃，另一種是你朋友買了一個新的宜家櫥櫃，並且表示他們把它組好了。顯然後者比前者更能鼓勵你堅持下去。但科學樂觀心態更進一步，選擇暫且相信就算我們**不知道**零件是完整的，照樣可以組出一個櫥櫃，從而替自己爭取到足以解決難題的時間。科學家需要科學樂觀心態，因爲他們希望獲得新發現。但其實所有人都需要科學樂觀心態，因爲我們往往得在不保證有解法的情況下處理問題（與此強烈相反的，是所謂的「習得無助」現象。人和其他動物顯然都會這樣，一旦經歷過太多無力控制局面的經驗，就會放棄解決令他們不舒服或痛苦的情況。就算他們眞的可以解決現況，也會變得不去嘗試）。

只要認爲問題可以解決，問題就眞的可能解決。歷史上發生過最神奇的例子，莫過於費馬最後定理。一六三七年，數學家費馬在一本書的頁邊寫道：

任何立方數不能分成兩立方數的和，任何四次方數不能分成兩個四次方數的和；依此類推，任何三以上次方數都不能分成兩個同次方數的和。我已經找到一個美妙無比的證明，只是頁邊太小寫不下。

接下來三百五十八年，數學家想方設法解決這個難題，因爲費馬說它是可解的，所以他們認爲它一定可解。一九九五年，這個難題終於解決了，也許不是費馬心裡想的那個解法，但正因爲費馬自信宣稱它是可解的，所以一直有人嘗試，一試就試了**三百五十八年**！

珀爾馬特頭一回意識到科學樂觀心態的重要，是在攻讀研究所的時候。當時他正考慮要加入哪個研究團隊，結果發現穆勒（Richard Muller）教授帶領的研究室充滿了事在人爲的精神。在穆勒教授的研究室裡，凡是有趣的研究計畫都可以試試。需要什麼新工具就自己發明，想要什麼東西就自己做，需要接觸什麼新領域或新知識就去學，從複雜的電子學到DNA操控技術都一樣。這種事在人爲的精神鼓勵了整個研究團隊，積極面對各種問題與挑戰。當時穆勒教授的團隊希望開發出一種技術，測量木星引力造成的光偏轉，結果發明了一台迷你的桌上型迴旋加速器，可以測量海面上的大氣含碳量，了解地球的碳循環，還發明了第一套可以偵測相對「鄰近」的超新星的自動望遠鏡系統。不論我們幹哪一行，這種樂於接受關鍵問題挑戰的科學傳統，或許是科學帶給我們的最大優勢[64]。

珀爾馬特的研究生歲月，就從自動化尋找超新星開始。後來那項研究變得更加挑戰，因爲他們發現這套技術連非常遠的超新星都找得到，而這些超新星可能讓我們了解宇宙擴張的歷史，並預測宇宙最終的命運。這是一項極爲艱鉅的挑戰。珀爾馬特和研究夥伴推測需要三年才能找齊他們需要的數十顆超新星，進而測量宇宙膨脹的速率變化。三年過去，他們連一顆遙遠的超新星都沒找到（教訓：盡量避開晴天才能做研究的領域）。五年後，他們發現了第一顆超新星。七年後，研究團隊總算想出眞正可行的辦法，開始以每次六顆左右的速度發現超新星。九年後，他們蒐集到了足夠的數據，但還是不曉得如何分析才能達到預期水準。十年後，他們找到答案，並得到了意外驚喜：宇宙在加速膨脹。

有趣的是，超新星計畫進行十年，研究團隊沒有一刻質疑研究是不可行的。科學樂觀心態讓這群科學家勇往直前，但了解他們實際是怎麼做的也很重要。每個階段，珀爾馬特的研究團隊都清楚見到自己完成了什麼、還需要什麼才能達成目標。在這個事在人爲的例子裡，有太多部分都仰賴這種迭代推進（iterative advancement）；科學家從不期望一蹴而就[65]。

在可能需要耗費幾個月、幾年或幾十年的難題上取得進展，通常需要這種迭代推進，每次嘗試都比上次更好，站在過往取得的發現之上往前推進。等我們揭開更多科學樂觀心態的具體意涵，所有做過計畫的人都應該對迭代推進深感共鳴。光舉一個例子就好：不論起草重大福利改革法案、教育改革法案或打擊犯罪法案，政策制定者和立法者都能、也都該保持這樣一個假設：每隔幾年就該根據我們得知哪些做法管用、哪些不管用來逐步改善政策。這種政策更新機制並非新鮮事，但顯然不是政府推行政策時的顯要特色，至少在美國不是如此，否則我們應該會更清楚這些社會目標的進展程度才是。

搶大餅

科學家面對新問題（通常）會採取這種事在人爲的態度，但當這種進取精神用在共享資源的問題上，方向就不一樣了。許多社會衝突都來自感覺上的資源不足：每個當事人或群體都主張資源該給他們，但似乎沒有足夠資源滿足各方所需。這種情況有時稱作零和遊戲，因爲不是我得你失，就是我失你得。譬如有限的水資源應該優先用於農村灌溉，還是都市發展？供應全市電力但會污染環境的燃煤電廠應該設置在這一區或那一區附近？這些決定似乎都可能成爲棘手的衝突來源。立意良善的各方群體，對應當建立怎樣的社會有著截然不同的哲學觀點，以致產生衝突。不難想見，這些衝突有時會誘發我們競爭本性裡最惡劣的一面，只想搶得最大份的餅，甚至消滅對手。

不過，請注意，我們說的是「**感覺上**的資源不足」。主張某樣東西不足，通常出於很可能有錯的心理預設，因爲缺乏想像力。而這正是「科學樂觀心態」的事在人爲精神可以幫助我們的地方。

科學樂觀心態的堅持到底有個好處，就是有機會把餅做大，讓我們不再被迫面對你得我失的選擇。今日世界人口遠大於一百年前（四倍），但生活極度貧困的人口已經從將近六成降到一成以下。這表示地球儘管多了六十億人，赤貧人口的絕對數量已經下降。赤貧人口的減少顯然不是因爲奪走某群人的資源交給另外一群人，而是資源大幅增加的結果。如今我們依然有生活貧困的人要擔心，還要關切全球生產成長造成的環境衝擊，因此同樣亟需科學的事在人爲態度與迭代解決問題的能力。

把餅做大還有一個值得注意的例子，那就是減少因能源生產與消耗而造成的碳排放。這些年來出現不少新的能源科技，如風力、太陽能、地質與水力發電，製造的溫室氣體較少，而舊的能源科技也有改善，因此有專家認爲，這些科技比過往排放溫室氣體較多的舊能源來源更便宜、更安全、更值得採用。倘若如此，誰能使用哪種能源科技的政治爭論就變得毫無意義了。儘管每個人對溫室氣體的擔憂程度不同，但只要不製造溫室氣體比製造溫室氣體還便宜，所有人就不會再有不同意見。

科學史上充滿了這種飛越障礙的故事，讓我們面對艱難的協商時可以有不同選擇，所有人都可以成爲贏家。在這個媒體似乎不恐嚇我們這世界哪裡有問題、哪裡可能出問題就無法生存的時代，這點格外重要。面對這種恐懼，本能反應是彎身保護自己擁有的一切，以致很難（甚至不可能）找到把餅做大的雙贏做法。而科學樂觀心態提供的另一個起點，正是媒體散播世界末日論的文化解方。

樂天派、悲觀派

科學樂觀心態對本書的主題——科學一直在尋找我們被自己欺騙的各種方式，並找出避免之道——有什麼影響呢？堅持事在人爲、追求迭代推進、把餅做大是一件好事，但還是有撞牆的時候。有時解決問題的時機尚未成熟，你必須懂得叫停，換個問題處理。雖然我們鼓勵大家**騙自己相信只要努力夠久，問題就能解決**，但我們當然不鼓勵大家永遠騙自己下去！

我們希望喚起世人注意，我們往往太早放棄，因此需要科學樂觀心態提醒我們，就算面對艱難挑戰不可免會遇到挫敗，也能保持活力與動力。但除了科學樂觀心態這個心理技巧，科學還提供了不少相當實用的工具，幫助我們處理這些似乎大得無法解決的問題，將問題拆解成比較好解決的部分，甚至判斷下一步是否眞的太大了。下一章將討論其中一些工具。

不過，單是本章的討論就已經給出了一個有趣的提示：當我們發現自己只是因為投入太多而緊抓著某個問題不放，這可能是個警訊，告訴我們或許該放棄了。投入大量時間與資源本身不是堅持下去的理由（有些讀者可能曉得，科學家甚至爲這種心理陷阱取了個名字，叫做「沉沒成本謬誤」），但要是我們見到漸進切實的進展，則可能代表我們仍在迭代向前朝答案邁進的路上，這時就該發揮最大的科學樂觀心態堅持下去。

就算意識到迭代推進不足，最好暫時放下「科學樂觀派」的不懈追尋，有時也只是暫停，而非放棄目標。有時解決問題需要各部分配合，只是當時還沒到位，我們必須暫時放手，直到新科技出現。事實上，科學家的事在人爲精神有一大部分來自將懸而未決的問題記在心裡，當新科技出現，立刻想到可以用來解決那個問題。例如，本章提到的證明費馬最後定理就是如此。一九九五年的證明正是啓發自費馬那個時代尚不存在，直到一九八〇年代才出現的數學領域。

從名稱就知道，在我們書裡介紹的所有三禧概念與主題當中，科學樂觀心態肯定是最積極正面的。有太多主題都和你必須當心以免欺騙自己，以及如何對我們與生俱來的自欺欺人踩煞車有關。但光踩煞車是不會讓車前進的！科學樂觀心態是必要的，它就像油門，讓我們不斷前行，甚至取得進步。的確，問題往往不是一定能解決，也無法說結束就結束，而是持續不斷改進，一天、一個月、一年、十年。聽起來或許不誘人，但只要保持正確心態，它會是生活裡數一數二的樂趣來源，讓你感覺自己正靠著反覆堅持不懈，朝目標邁進。

明白了科學樂觀心態之後，就會察覺有一種經常出現的文化與之相反——不是健康的懷疑精神，預防自欺欺人的必要煞車，而是一種流行的怨天尤人。我們可能都有過這種衝動，想藉由某種「憤世嫉俗的智慧」來凸顯自己聰明：這種事我們早就見過了，我們也知道無論看起來多麼有希望，最終都注定會失敗。「講的好像會實現一樣」，這句話是最好的句點王。一句憤世嫉俗的評論，往往會打斷一場原本可以讓人獲益的談話。而我們的任務就是在自己、他人或媒體上見到這種怨天尤人文化時指出來，用事在人爲的科學樂觀心態來平衡健康謹慎的懷疑精神，好讓我們有時（甚至常常）可以解決問題，把餅做大。

第十一章
階次理解與費米問題

假設你現在「火力全開」，準備拿出最佳的科學樂觀心態來繼續處理一個複雜的大問題[66]。但你要怎麼開始？其間又如何檢視顯現的結果？第三章那些複雜的圖表告訴我們，任何量測值或結果都可能受許多因素影響，而這個世界顯然又比那些圖表複雜許多。你可能會開始擔心，假如決定要做任何事之前都得表達自己對所有因果關係的信心水準，那就麻煩大了，因爲你連能不能有百分之五十五以上的信心都沒把握。現實世界的問題——例如在複雜情境裡找出「改變的槓桿」——需要更多科學工具箱裡的概念工具，我們首先就從所謂的「階次理解（orders of understanding）」開始講起。

這個世界**確實**相當複雜，幾乎所有現實問題都得考量非常多因素。問題是我們不大擅長在腦中同時處理那麼多複雜的狀況。你可能聽過人類的短期記憶只能記下七個物件左右。其實這個說法有許多前提，但你至少有一種直覺，明白你並不擅長在腦中同時記住或處理多個想法。

科學思維告訴我們，現實問題的許多因果因素並非個個都同樣重要。我們只需要考量其中幾個因素，就能搞清楚發生了什麼或可能發生什麼，因此當我們想找出問題的改變槓桿，通常只會有幾個眞正重要的因素影響最大，我們稱之爲一**階**因素。一旦理解問題裡眞正重要的部分，就能回頭評估其他較不重要的（二階）因素有多少影響，以提高預測的準確度。但即使如此，你還是應該緊守這些次要槓桿，不要被其餘的三**階**或**四階**因素分散注意力。

舉個具體的例子，譬如一個聽起來很簡單的問題：從地球上某個地方到另一個地方。只要記得地球是球體，你就能理解許多關於在地表移動的事情。地球很接近完美的球體，因此許多關於在地表移動的問題（例如朝地平線望去會看到什麼）的一階解釋，就是地球是個球體。這解釋能用在許多地方（大部分航空旅行都能靠這種方式找到方向），但你若想開車橫越美國，光憑「地球是球體」這個資訊可能就不夠了。你可能還需要一些關於地球的二階因素，例如地表有高山之類的起伏。要是你只倚靠地球是圓滑球體這個一階描述，眼前出現落磯山脈肯定會讓你大吃一驚。

我們通常需要做點研究，才能找出哪些是一階因果因素、哪些是二階因果因素和更不重要的因素。假設你想知道哪些因素最能決定某人的薪水高於其他人，譬如喬伊薪水比其他人還高，是因爲他工作努力嗎？我們起初可能猜想，努力工作是決定喬伊收入最重要的一階因素，再來是他從事的職業。但可能有人會說，喬伊住在戈壁或紐約應該也有影響。要在紐約拿到高薪顯然比在沙漠容易。其實，世界上可能有許多地方很難賺得跟喬伊一樣多。倘若地點造成的薪資差異遠大於同一地點不同員工之間的薪資差異，那麼地點就會是一階因素，努力工作和職業別是二階因素。

加拿大和美國貿易量大，你認爲兩國毗鄰是一階因素，還是二階或三階因素？你起先或許不認爲兩國毗鄰是一階因素，因爲你可能認爲一階因素是加拿大高度工業化，製造業非常先進，地理位置是二階因素。但你隨後得知一件事：墨西哥顯然是美國第三大貿易夥伴，僅次於中國。即便墨西哥商業環境工業化和先進程度遠不及加拿大，貿易量仍然排第三，你可能開始覺得加拿大因爲靠近美國而大大得益，地理位置終究是一階因素。

從一階、二階、三階等因素理解世界，讓我們在科學上大幅進步，帶來技術飛躍，進而塑造了今日世界[67]。即便簡單如物體運動，也必須忽略二階和三階因素，例如空氣阻力和陽光對物體產生的微弱推力（後者通常只是四階因素，但對太空中某些物體的運動是一階因素），才能做出預測。不過，有一點或許更明顯，那就是我們所做的決定是否有效，其實大幅取決於這種階次理解。一旦被二階和三階因素帶偏，就無法促成改變。我們永遠需要找出一階因素，並專注於此。

我們有時很擅長這種階次理解，而且做得很自然。例如開車時方向盤突然開始抖動，並且偏向一邊，你可能會猜車子爆胎了，把它當成一階原因，不去擔心二階因素，例如避震器老化或懸吊系統輕微偏斜。但我們有時會埋頭追尋二階解釋，忽略重要的一階因素，例如找一些隱晦的原因解釋我們自己或小孩爲何情緒低落（是不是工作不適合我？是不是學校老師不了解我兒子？），而忽略了睡眠不足這個最大因素。技術支援部門顯然很清楚，我們遇到問題不一定總是先找一階根源，因此他們接起電話總是先問插頭插了沒！（老實說，我們要是對一夜好眠做過很好的階次理解，肯定會讓許多人受益良多，不再需要輪流使用各種失眠療法，白天運動、晚上冥想和伸展，小心計算每晚幾點用餐，甚至做好事來安撫良心，不怕被人批評「你晚上怎麼能睡得安穩」[68]？）

舉個大一點的例子。假設你是市議員，想要減少地方交通事故，那麼了解交通事故的一階原因顯然很重要。這些原因會是你提出新的政策與法律規範時的關切重點。你可能想減少酒後駕駛、分心駕駛、超速駕駛和疲勞駕駛。這時，你的首要功課就是確認這些狀況全是一階原因，還是其中一個可能只是二階原因，不必那麼在意。你可能懶得規範蒙眼駕駛，即使蒙眼開車絕對會出車禍，但它不是目前事故率的一階、二階、三階原因，甚至連四階原因也不是（有個重要細節：什麼是一階原因、什麼是二階，其實得看你問的對象。若你問自駕車開發人員什麼是交通事故的一階原因，他們可能會說，十年後所有人都會理所當然認爲答案是人類開車）。讓我們延續剛才的例子，假設你是立志解決社會問題的市議員，而且後來進了國會。你想削減預算赤字，有人主張社會福利之類的國民保障是赤字的主要原因，那你肯定會想知道社會福利是否確實是一階原因。或者當某位國會議員說：「欸，你知道，我們把預算都用在補貼花生農了。」你會回答：「補貼花生農？這筆錢連赤字的三階原因都算不上！」

天堂的麻煩

這個世界有一點奇妙，允許我們將問題拆成階次理解。若想解釋一樣東西，只需找最主要、最核心的因果因素，通常就能解釋大半，這點感覺很幸運。再來只要找出一階解釋最明顯的例外——這些例外就是「二階解釋」——基本上就可以收工回家。通常，一階和二階解釋就夠了，你不需要在腦中運作一百二十七個變數才能搞清楚一件事。當然，世界上可能有許多事我們不理解，原因正是它們需要我們在腦中記住一百二十七個變數，因爲所有這些變數都很重要。但階次理解能讓我們掌握到的事理之多，還是相當驚人。

不過，有個**麻煩**（總是會有麻煩！）。這個麻煩可能會讓你對我們講解到目前爲止的階次理解微微不滿：沒有人可以事前得知哪些因素是一階原因，而且一階原因不總是很明顯。不僅不總是很明顯，甚至我們一開始的猜測往往是錯的。

讓我們再次回到政府預算的問題，因爲身爲公民經常需要（靠投票）決定哪位候選人的主張才正確。假設有位候選人這樣主張：減少監禁可以大幅提升教育品質和社會福利。首先，請你按自己的理解或印象，寫下監禁犯人、教育和社會福利各占去多少政府預算（包括中央和地方），哪個占去最多預算？哪個次之？哪個最少？把答案留著，我們晚點會再討論。

你對自己排列的預算支出順序有多少信心水準？這種問題要分出一階因素和二階因素並不容易，因此你的信心可能不高。這時就需要科學思維工具箱裡的另一項重要工具出場了，那就是費米推估。費米推估不是萬靈丹，無法解決所有這類問題，但它確實可以避免我們走偏，防止我們將二階因素誤認成一階因素，以致跟著錯誤的線索走，浪費多年努力或龐大開銷（「費米推估」這個用語聽起來很專業，但別擔心，因爲它其實並不深奧，你甚至會發現自己早就這樣做過了）。

事在人爲不是大話

費米推估的概念源自知名物理學家恩里科．費米，因爲他老是拿需要迅速做推估的問題來考學生。費米推估這個名稱應該不是費米取的，但從他之後的每一代物理學家都曾遇過這類需要迅速做推估的「費米問題」[69]。費米問過的一個著名問題是：芝加哥有多少調音師？（就拿這個費米問題當成對我們三位作者的挑戰：本章結束時，我們應該讓讀者知道如何回答這個問題。）

費米推估很好用。它能幫我們區分一階和二階解釋。而在這個靠數字說話的世界裡，費米推估一樣非常好用，可以幫助我們檢查數字有沒有道理。不過，費米或許也希望學生能從這種迅速推估法學到事在人爲的精神。一旦明白可以用這種方法掌握世界，我們頓時就會感到能力大增。

使用費米推估討論政府預算的例子前，先從一個比較簡單的例子開始。假設你想推估美國有多少輛汽車，但無法上網，只能運用腦中現有的知識。首先你要思考，有哪些可能比較容易的推估，可以用來幫你推估美國有多少輛汽車。你可能想到幾個，但很快就排除掉了，因爲它們沒有比較容易，例如美國的道路總長和每公里的汽車數，或是美國的城市總數和每座城市有多少輛汽車。但你接著可能想到推估美國有多少人口，以及持有汽車的人口比例，因爲許多人都對美國人口有點概念，而身旁親朋好友擁有汽車的比例，則可以幫你推估平均每人擁有幾輛汽車。

你可能記得美國人口幾十年前剛突破三億大關，因此你可以使用三億這個數字，也可以用高一點的數字，因爲加上後來的人口成長。就讓我們假設美國人口是三·三億吧，比三億高出一〇％。

假設每個美國人都擁有一輛汽車，那總數就是三·三億輛。但在美國不是人人有車。嬰兒與孩童就沒有車，許多年長者則是共有一輛車。另一方面，有些人擁有不只一輛車，不少家庭更是幾乎有多少人就有多少輛車。因此，汽車總數可能只有美國人口的一半左右。換句話說，就是一億六千五百萬輛。實際數字可能差了幾百萬或幾千萬，但我們很有信心這個推估值是正確的。這就是**逼近**的意思。我們追求的不是完全準確的數字，因爲以手邊的資訊不可能做到這一點（順帶一提，我們查了實際數字，我們的誤差在三〇％左右，甚至更好，看你把哪些車種當成汽車）。

當你不曉得該怎麼推估數字，不妨先確定上下限。譬如你可能不曉得美國人口多少，但對上下限算是有概念。你可以先從概略值開始推估，例如美國人口肯定超過十萬，那有超過一百萬嗎？假如這應該是下限，那就開始考慮上限。美國人口有可能超過十億嗎？不會，聽起來有點過頭了，那你就可以推測美國人口在一百萬和十億之間。通常，你只需要做到這裡就夠了（就已經可以很有自信地反駁那些誘餌式標題，什麼爲某個受害者發起「每人捐一元」行動，結果讓那人成了億萬富翁）。

舉一個可能同時要用到上下限的例子。假設你想知道去年美國人替自己家的車子加油花了多少錢。你可以問自己：你覺得一定超過一千萬美元嗎？還是一億美元？或是十億美元？你有把握不會高於實際數字的最高值是多少？這個值就是下限。

接著換個方向，考慮上限是多少。你覺得一定少於一百兆美元嗎？對。那麼一定少於十兆美元嗎？對。那麼一定少於一兆美元嗎？有可能。一旦確定下限是十億美元，上限是一兆美元，可能就不用再往下分析了，因爲很明顯，這個金額應該占去美國全年進口額的不小比例，因此可能會促使我們繼續深究。

推估絕招

在上述例子裡，我們用了三種招數進行費米推估，分別如下：

從熟悉的開始推估：將不熟悉又難取得的數值拆成熟悉、好取得的數值（以第一個例子來說，我們對美國人口比對車輛數有把握，因此用前者來推估後者）。

逼近就好：推估本來就是逼近值，但重點是提醒自己，一般而言「夠近」就行了。通常三倍到三分之一之間的推估值就算合格。換句話說，假設實際值是一百，那麼推估值落在三十三和三百之間通常就夠好了。這表示你用來進行推估的那些熟悉值也只要大約這麼準確就夠了。

沒有把握時，**先抓上下限**。

接下來，我們要用這三招回答剛才的問題：美國人去年加油花了多少錢？讓我們試著重新討論推估值，比十億到一兆美元之間更精確一點。

好的，首先是將問題拆成幾部分。我們在第一個例子裡已經推估過美國有多少輛車，因此不妨從這裡開始。知道車輛數目之後，接著或許可以推估每輛車每年通常跑幾英里，然後再推估每加侖汽油可以跑幾英里，最後是每加侖汽油多少錢。你可能已經知道這些數值，那就可以匯集起來，推估出合理的答案。

來認真推估看看吧。我們已經推估出美國有一億六千五百萬輛車，那麼每年每輛車平均大概會跑多少英里呢？你如果買過二手車，可能就會有概念。基本上，二手車的合理里程數不會超過每年一萬英里（或是一萬兩千英里）太多。一萬英里是個不錯的概數，所以就先這樣。接下來是汽油里程數。每加侖汽油平均可以跑幾英里？許多卡車和休旅車低於每加侖二十英里，但油電車則超過每加侖四十英里。所以，就假設平均每加侖能跑二十英里吧。但爲了推得我們想要的答案，需要知道的數值是每英里耗油多少加侖，因此要取倒數，也就是每英里〇．〇五（二十分之一）加侖。

前面這些數字可以讓我們算出所有車輛一年耗去多少汽油，接下來就需要知道每加侖汽油多少美元。好的推估值是多少？本書寫作期間，加州油價大多是每加侖四美元。就用這個數值吧，但別忘了這可能比美國其他地方都高一些。現在匯集所有數值，看會得出什麼：

一億六千五百萬輛車×每輛車每年跑一萬英里×每英里耗油〇・〇五加侖×每加侖售價四美元＝每年三千三百億美元

推估值是三千三百億美元，正落在我們的下限十億美元和上限一兆美元之間。

得出費米推估值之後，我們還可以談談自己的信心水準，也就是對這個推估值有多少信心。檢視得出推估值所用的所有數字，然後判斷自己有多願意大幅提高或降低推估值，藉此推估我們對推估值多有信心。第四章玩過一個遊戲，要你對自己提出的每個事實陳述都給出信心水準。現在得出費米推估值，大多數讀者可能覺得相當有信心，甚至有百分之八、九十的信心，認爲美國人每年加油錢確實在一千億到一兆美元之間。當然，你不會想賭上你家房子，這很好。這樣的信心水準差不多是對的（原則上，我們也可以表示自己對以三千三百億美元爲中點，但範圍更窄的推估值區間有多少信心，例如我們對實際數字落在兩千億和四千六百億美元之間還是有七〇%的信心）。

以這個例子而言，答案其實在一千億至一兆美元之間。查完資料後，我們發現美國人二〇一二年花在加油的錢大約是四千億美元（二〇二二年油價較高，總金額大約五千六百億美元）。所以，我們的費米推估值其實相當好。假如你推估美國人每年花三百三十億美元加油，這個數字可能和知道實際金額是四千億美元一樣好。譬如有人跟你說：「我發明了一個方法，可以讓汽車效能提升五倍，明年可以幫美國省下十兆美元！」這時你就能看著他說：「不可能，美國人一年沒有花那麼多錢加油，你不可能幫美國省那麼多錢。」（我們不是永遠只會戳破別人的泡泡，惹人討厭。有時我們的費米推估也會站在他們那一邊！）

是啦，但費米那時可沒有網路

說到這裡，或許該提一件事，那就是費米推估已經變了許多，因爲現在上網就能查到大量資料。如今只要在手機螢幕點或滑幾下，就能找到太多事實與片段的資料，使得費米推估的起點可能和幾年前大不相同。

但費米推估在數位時代依然有用，原因有三。首先，有些數字你可能無法直接找到，還是得先知道上網要找什麼，當作推估的起點，就好像你得先確定哪些事情對你可能是已知，可以拿來當成推估的基礎。其次，不論你平常在網路上或其他地方聽見什麼說法，都得自問：「這合理嗎？」網路上可以見到各式各樣的說法，宣稱某樣東西多大或多小，而你身爲費米推估者必須不斷指出：「等一下，這不可能是眞的，因爲（例如）全球人口就這麼多，所以這個數字不合理。」你應該隨時使用費米推估檢驗你所聽到的數字，確定它合不合理。物理學家稱之爲「健全性測試」。最後，思考費米問題的過程會強迫你分析問題，拆解問題的組成部分，這樣做不僅是掌握一階因素的關鍵步驟，還能幫你記住不是一階二階、但你不想忘掉的因素。

客觀檢驗

結束本章之前，讓我們回到階次理解的例子，也就是（一）監禁、（二）教育、（三）社會福利，哪類政府支出是預算的一階因素，哪些只是二階因素。這個問題需要另一個有用的技巧。爲了做比較，你必須推估三個數值，而你最好用相近的方法推估這三個數值，以便比較比例。這樣就算推估值不準，比例仍有可能是對的。我們建議你這樣做：已知美國人口（即之前的推估值），先推估教育、監禁和社會福利的使用對象各有多少人，再分別就這三個群體推估每人耗費多少政府支出。你最好使用表格，才便於比較這些比例。要推估這三類政府支出的每年使用人數並不會太難。美國人的預期壽命爲八十五歲，符合社會福利領取資格的人口頂多四分之一。教育人口所占比例也差不多。坐牢人口當然少得多，以百分比來說只有個位數。你可能聽說美國的監禁率在全球數一數二，並對左鄰右舍多常有人被捕、被關大致有個概念，但你也曉得監禁率會因性別、所在地區、年齡、社經條件、種族而有很大差異。權衡這些因素後，讓我們先以坐牢者占美國人口百分之二爲推估起點，即每五十人就有一人坐牢，聽起來確實很多！

接下來是每人每年耗費多少政府支出。這可能稍微難推估一點。教育包含哪些支出？教師薪水、校務人員薪水、工友警衛薪水、校舍維修和水電費、興建校舍的資金成本、教科書和學校用品採購費等等。讓我們先假設小學教師平均年薪爲五萬美元，負責二十五名學生。這表示每位學生的薪資成本爲兩千美元。這個數字乘以三（六千美元）應該可以涵蓋前面所提到的其他薪資與費用。或許太低了，但重點是抓個大概就好。

至於監禁犯人，支出種類相近，只是教師換成矯正人員，學校換成監獄。雖然囚犯不需要教科書，但要供應他們一日三餐和衣物，而且他們還需要醫療照護。兩

【圖表11-1】

三種社會措施支出的費米推估

	任一年 所占人口比例	總人數	每人 每年花費	每年總花費
教育	25%	8千萬人	6,000美元	4,800億美元
監禁	2%	6百萬人	18,000美元	1,080億美元
社會福利	25%	8千萬人	20,000美元	1.6兆美元

相比較，你肯定會發現，將人二十四小時關在一個地方比每天花六、七小時教育一個人貴上許多。因此，就讓我們假設監禁支出是教育支出的三倍，每位囚犯每年一萬八千美元。

推估社會福利使用對象每人每年耗費多少錢就比較容易了。例如你可能已經知道父親或祖母每月收到多少年金，或者就你所知，社會福利主要是爲了滿足退休者最低生活所需，而在美國大部分地區，最低生活所需大約每年兩萬美元。將上述粗略但合理的推估值匯集起來，就會得到【圖表11-1】。

從表內項目可以看出，我們根本無需計算最右端的總額，就能進行比較。監禁和社會福利的每人每年平均支出相當接近，但我們推估社會福利使用者遠多於監禁者，因此社會福利支出大於監禁支出。同樣的，我們推估教育和社會福利的使用人數相當，但人均教育支出較低。而比較教育與監禁則會發現，受教人數可能是監禁者的十倍以上，但囚犯人均支出可能只比學生人均支出高出三倍，這表示教育支出較高。

因此，就算還沒計算總額，我們已經對三種社會措施的支出排行有了一定信心：社會福利最多，教育次之，監禁最少。實際數字證明我們推估得沒錯。近年美國納稅人每年資助的教育支出約爲八千億美元，監禁支出爲六百億美元，社會福利爲一兆一千億美元，我們的推估值都沒有高出實際數字的兩倍或低於一半。

假如你也做了推估，不妨比較你寫下的支出順序和費米推估排出的順序（實際順序顯然和費米推估相同）。我們發現，大多數人一開始都會猜監禁支出高於教育支出，但費米推估告訴我們這不大可能是正確答案。事實上，費米推估顯示監禁根本不大可能是一階因素。因此，回到問題一開頭，候選人主張減少監禁預算能大幅改善社會福利和教育支出，這個提議不大可能奏效。

當然，這些推估和排行只能幫助我們掌握政府支出的全貌（頂多還透露候選人是否對實際狀況做了錯誤主張），告訴我們實際的支出排行，無法告訴我們哪個措施**應該**支出最多，哪個**應該**支出最少——本書之後將討論這個問題，將價值觀納入考量。

關於費米推估，最後還有一個重點：假如你平常很少需要做這種小型推算，費米推估可能對你不是很有吸引力。但只要克服開頭的不適應，你一定會驚訝於費米推估的威力。我們見過許多人因爲費米推估而興奮不已。還沒試過的讀者都該練習幾次，體會一下那種經驗有多令人滿足[70]。我們希望費米推估能讓你在低落時重新振作，知道自己擁有非常有效的推估工具，可以處理現實世界的問題，進而感覺自己充滿力量！

科學樂觀心態、階次理解和費米推估是一套有用的工具，能幫助相信事在人爲的我們處理世界上的大小問題。每當你耳聞某個數字或聽到某人主張只有某件事最重要，你就會發現自己不自覺開始思考。你應該會問自己：「好吧，還有哪些因果因素？我有理由相信這些因素不重要嗎？」假如有人說：「相關因素太多，我們永遠無法解決這個問題。」你應該會發現自己說：「嗯，就算有一百萬個因素造成文盲率上升，也不代表我們找不到一、兩個主要的一階原因，並加以解決，迭代改進文盲率。讓我們先從推估做起吧！」

第四部

當心落差

第十二章
爲何從經驗學習那麼難

第四部將探討個體思考某些令人意外的出錯方式。不過，首先讓我們快速回顧之前的內容，替接下來的討論定向。前面三部分，我們討論了許多源自科學的思考工具，目的至少有三個：首先，我們每個人都能（而且應該！）隨時使用這一整套工具來做日常決定與計畫。這些工具基本上能預防我們被自己欺騙，並賦予我們應對複雜事務的能力。其次，大致熟悉這些工具將有助於我們理解科學家、醫師和其他研究者提供的關鍵資訊，以便做出決定。最後，當我們想透過專家扼要了解這個世界的某些事理時，可以根據專家對這些工具的理解程度來判斷誰比較可信。如果我們三位作者寫得還不錯，你在之前幾章應該都有讀出這些用途。

不過，有人肯定會想：這些工具有時很複雜，爲何非用不可？難道不能單靠經驗來認識這個世界嗎？日常生活不論養小孩、跟同事合作或投票決定地方事務，變數通常就在你眼皮子底下（現實和比喻都是如此），不用特殊工具就偵測得到，只要簡單試誤幾次就能搞定，不是嗎？畢竟我們很快就學會不要碰熱爐子，而且不用專家特地教導就會了。

我們都有一種根深蒂固的印象，人很擅長從經驗學習。英語世界的人老愛說自己是「磨練（the school of hard knocks）」出來的。哲學家杜威有句名言：「眞正的教育都來自經驗」，而教育界流行的體驗式學習也讓他的思想一直很有影響力。當我們需要外科醫師修復我們的身體或找師傅修理房子，許多人可能喜歡找最有經驗的人。

不過，有大量證據顯示經驗往往不是好老師。譬如雇主徵人通常很看重工作經驗，但這項因素對工作表現的預測力低得驚人[71]。的確，有經驗的勞工總是能贏過新進菜鳥，但很有經驗的勞工表現不一定勝過已經對工作上手的勞工。在醫學之類的專業領域，資深者即使身心狀態仍然處於巓峰，還是跟不上領域裡的最新發展，因爲他們不再學習了。

只要回顧技術、醫學和科學的創新史，就會驚訝發現有太多發現與發明不需要先進設備、複雜的數學運算或大筆資金。從槓桿、拼音字母、釘子、生產線到對照實驗都是好例子。那麼這些發明爲何拖了那麼久才出現？譬如疾病的細菌理論一五〇〇年代就有人提出了，但直到三百年後，巴斯德和斯諾才說服同行認眞看待這套理論。既然人腦早在人類有文字紀錄之前就已經演化成現在這樣，許多創新應該早就出現了才對。

還有，想像一下，假如一切都要從零開始，你能做到的事不是少得可憐？你知道如何做出一雙耐用好穿的鞋子嗎？你會設計牙刷、眼鏡或膠帶嗎？會發現咖啡粉加水可以讓人早上更快清醒嗎？小孩總是好氣又好笑地問我們，手機裡的這些基本功能去年就更新了，爸爸媽媽爲什麼沒發現呢？

一個原因是環境的許多特徵，讓我們很難從經驗學習。我們的感官每天受刺激轟炸，但用第六章的語言來說，裡面有些是有用的訊號，其他則是不規則的雜訊。而雖然有些訊號與其他訊號相關，但很難在現實世界發現可靠的關聯，因爲這些關聯往往是機率性的（若A則可能B），而不是確定的（若A則B）。

「好吧，」你說：「也許我第一次會搞錯，但最後還是能靠試誤法找到答案，對吧？」但當環境不斷改變——所以才常有人批評某某人老是在打「上一場」仗——或回饋已經不夠立即（有時相隔幾個月或幾年），試誤就變得很困難。而且由於關聯是機率性的，因此有時錯誤的行動會帶來好結果，或最佳行動會帶來壞結果。更糟的是，試誤學習很少能有對照實驗的效果。我們很少能獨立出一個變數，並將其他變數保持不變。我們也很少有機會觀察反事實——如果改做B（或什麼都不做）而不是A，會發生什麼？

不過，人很難從經驗學習主要出於心理因素，而非環境因素。本章將討論幾個主要的心理因素。

首先要強調一件事：這些因素不分「外行人」和科學家或專家，我們所有人每天都會受其影響，科學家同樣容易受干擾。接下來兩章將給出很多例子。如同之後會談到的，科學家之所以（有時）能避開這些心理因素，不是因爲本身的特質，而是**科學方法**和心智習慣能幫助我們克服局限。

我們還要強調另一件事：接下來談到的心理因素不是「病態」缺陷，而是人類正常的認知特質。這些因素很普遍，可能是演化適應來的，大多數是爲了讓大腦在系統推理很難做到或太過費力時能有效運作。

習慣

回顧你這輩子學到的技能，可能會發現其中大多數你做的時候幾乎都不假思索。你上次需要認眞思考油門要踩多大力、熱水龍頭要轉幾圈、鞋帶要綁多緊是什麼時候？這些都是**習慣**。習慣讓我們一心多用，還讓我們省能量，因爲有意識地思考每一件要做的事非常累人（你如果試過佛教的靜心冥想，就會知道什麼意思）。

大腦讓我們的動作「自動化」，以便將注意力轉向新事物，例如同車乘客在講的故事。習慣對人類的正常生活太過重要，以致心理學家詹姆士（William James）稱之為「社會的大飛輪」。哲學家懷海德則說「文明的進展取決於人類不斷增加不假思索就能完成的重要活動的數目」。

習慣不完全是無意識的，但我們很難觀察和控制它，因為習慣太快、太輕鬆。只有當我們開始學一項技能，才有機會觀察它對結果的影響，進而調整或放棄這項技能。但隨著技能愈來愈不假思索，我們也愈來愈難仔細監控其效能。失能的習慣就是「壞習慣」，但由於壞習慣做起來一樣輕鬆，以致很難戒掉，因此習慣可能讓我們無法從經驗學習，因為習慣往往讓我們沒意識到自己在做什麼。

捷思與偏誤

接下來幾個妨礙我們從經驗學習的因素，和我們做判斷時的偏誤有關。這些偏誤會讓我們忽略、扭曲或否認環境裡的重要資訊。偏誤和習慣一樣，常常來自大腦想不費太多注意力直接快速行動，但當我們忘了善用證據，就會付出代價。

現代人使用「偏見」這個詞可能太隨便了。我們很容易就說別人有「偏見」，只因為我們不喜歡對方的觀點。幸好第九章提過，判斷偏誤有相對客觀的定義，一個程序如果出現大量隨機錯誤，就代表**雜訊**很多，但只有會產生系統錯誤（不是一直高於就是一直低於正確答案）的程序才有**偏誤**。因此，當客觀判準和眞值*存在，我們就能拿某人的回應跟客觀判準或眞值相比較，判斷對方是否有偏誤；當客觀爲眞的答案不存在，這個方法就不管用。但研究人員已經發展出許多實驗方法，找出我們的偏誤[72]。

維基百科列了目前有紀錄的認知偏誤[73]，而我們上一次搜尋維基百科，發現上頭列的偏誤有一百二十三個！讓人感覺心理學家好像專靠這個賺錢，說不定眞有心理學家是這樣沒錯。這些偏誤有許多都是由康納曼和特沃斯基（Amos Tversky）最先指認出來的。儘管特沃斯基一九九六年就英年早逝，兩人的研究還是讓康納曼拿到了諾貝爾獎。康納曼的暢銷書《快思慢想》是介紹這些偏誤的最佳指南。你要是還沒讀過，我們強烈推薦你買來讀。

這些現象有的被冠上「偏誤」之名，例如確認偏誤，有的則稱作「捷思（heuristic）」，例如可得性捷思（availability heuristic）。兩者的區別很模糊，但基本上「偏誤」多指結果（系統偏離眞值），「捷思」多指產生特定偏誤的過程。捷思是我們從經驗學到的一種概略（但會出錯的）方法，能讓我們避開深思熟慮所需的認知負擔，快速做判斷。

拿溫度來比喻，偏誤也有「熱」到「冷」之分。熱偏誤最容易描述，因爲我們對這類偏誤最熟悉。它們來自情緒（特別是憤怒或恐懼）與動機（我們希望發生或希望相信之事）。相反地，冷偏誤似乎是我們快速做判斷的副產品，就算我們很冷靜鎮定，沒有明確目標或期望的情況下，它也會出現。心理學家蓋格瑞澤（Gerd Gigerenzer）和他的研究夥伴舉過一個例子：我們會根據城市名的耳熟程度來推論城市大小[74]。這樣做通常管用，因爲大城市通常比小城市有名，但也可能出錯，例如大多數人都會猜舊金山比聖荷西大，即使舊金山人口八十一萬五千，聖荷西人口九十八萬三千。爲什麼？〈你知道怎麼去聖荷西嗎〉這首歌雖然讓人朗朗上口，但在流行文化裡，舊金山的出現頻率卻遠遠高過聖荷西（誰叫舊金山有起伏的坡道、街車和金門大橋呢？）。

我們不會多談熱偏誤，不是因爲這類偏誤不重要，而是因爲你肯定很有經驗。

---

*編註：true value，意指某個量或測量結果在理論上沒有任何測量誤差的情況下，應該具有的眞實、準確的數值。

我們都見過因情緒和欲望而盲目的人。儘管難以啓齒，但這種經驗我們**都有過**。其實，認知基本上**常常**受動機影響，因爲有些信念或結果我們會希望它們爲眞，有些我們會希望它們爲假。熱偏誤通常比冷偏誤有害，因爲人爲了得到自己想要的，甚至會扭曲證據或詆毀結論相反的人。他們會堅稱自己中立，指控對方有偏見，導致棘手的衝突。我們訪問過許多上法院擔任專家證人的同行。絕大多數同行都承認許多專家都有偏誤，受僱於任一方都可能產生利益衝突，卻同時堅稱自己不是那種人，不會被錢所左右。

我們不會逐一檢視心理學過去發現的數十種認知偏誤，只會關注特別可能妨礙我們從經驗學習的偏誤。

可得性捷思

可得性捷思大多是冷偏誤。根據最早提出定義的康納曼和特沃斯基，可得性捷思是指我們在「評估某類事物的出現頻率或某一事件的發生機率時，會依據想到該事物或事件的例子或情境的難易來判斷」。康納曼和特沃斯基表示，一樣事物有幾種方式會特別引人注意，包括在我們記憶裡和熟悉的概念相連的概念、發生時間較近的事件、特別深刻的經驗或容易想像的情境。康納曼和特沃斯基早期舉過一個簡單的例子：英文字母K比較常是一個字的字首，還是第三個字母？我們上一回問一群學生，六一%的學生表示任一隨機挑選的字以K爲字首的機率較高，只有三九%的學生表示K比較可能是第三個字母。六一%的多數是錯的。在英文裡，K出現在第三個字母的機率比出現在字首還高。但在視覺或聽覺記憶裡尋找某個字的第三個字母比較難，因爲我們學認字母總是先聽見K的音，先讀到K這個字母。我們小時候學認字，通常是父母陪著我們讀字母書，但他們不會說：「大I小I，哪個字的第三個字母是I？是犀牛（Rhinoceros）[75]！」

媒體曝光度是一件事在認知上更可得的主要因素。一九七〇年代一項研究發現，雖然死於氣喘比死於颶風還常見二十倍，美國人仍然認爲颶風比氣喘更常致人於死[76]。但大多數人還是愛看颶風新聞或颶風電影，因爲更有戲劇性（所以我們才會聽見更多颶風害人喪命的故事）。

可得性捷思也會出現在政策辯論。舉一個具體的例子，許多美國人相信，陪審團面對人身傷害案件時，判賠金額總是誇張地大，而且毫無標準。麥考恩做過一項研究，將全國媒體的審判報導和其他研究統計的實際判決資料相比較[77]。只看媒體報導的案子，提告者的勝訴率爲八五%，而實際勝訴率只有三〇至五五%，視訴訟內容而定。至於勝訴者平均獲賠多少錢呢？報章雜誌報導的案子，判賠金額中位數將近兩百萬美元，但實際判賠金額中位數只有五萬至三十萬美元。因此，媒體（造成的可得性捷思）可能讓你高估提告可能獲得的賠償金額。

定錨與調整捷思

定錨與調整捷思也是冷偏誤。推估數字時，我們通常不知道從哪裡開始。喜劇電影《王牌大賤諜》有一幕非常有名，主角鮑爾斯的死敵邪惡博士冷凍數十年，醒來立刻向全球政府勒索「一……百萬……美元」！完全不曉得這個數字已經小到不值得犯下滔天大罪。

不是只有邪惡博士會幹這種蠢事。我們都不擅長估計數字。康納曼和特沃斯基指出，我們通常會隨便找一個明顯的數字當起點，之後再判斷是否要調高或調低。但問題就出在我們通常調整得不夠，結果就是精心計算的推估值往往和原來的起點太接近。聰明的讀者讀到這裡會察覺，費米推估一定會遇到這種定錨與調整偏誤的風險。

同樣以法律為例。麥考恩和他的研究夥伴想知道，夫妻離婚後如何判斷每個月要付多少子女撫養費才公平[78]？由於估計眞的很難，人們給出的數字無奇不有。爲了減少落差，一種做法是給出參考金額。當給出的參考金額爲八百美元，人們提出的金額平均是一千美元；但當給出的參考金額爲一千四百美元，人們提出的金額平均是一千三百美元。子女撫養費並沒有客觀標準，重點是律師可能會賭上一把，提出參考金額，以便左右法官判決。

後見之明偏誤

俗話說「事後諸葛」，這句話的英文說法是「後見之明永遠是20／20（Hindsight is 20/20）」，因爲眼科檢查「20／20」代表你對二十英尺外物體的視力，和視力正常者對二十英尺外物體的視力一樣（這個數字在公制國家會變成6／6，因爲二十英尺約等於六公尺）。如果是20／40，就代表近視。因此，這句俗話是指事後「預測」很容易對，後見之明永遠比先見之明簡單。心理學家費施霍夫（Baruch Fischhoff）指出，人做判斷有一個普遍特色，那就是某件事的結果事後看來比事前明顯[79]。

舉個例子：一九七〇年代初，費施霍夫爲了研究機率判斷，就挑了幾個在他看來很可能或很不可能發生的未來結果。當時美國總統是尼克森，堅決反共，感覺不大可能造訪中國，於是費施霍夫就問受訪者認爲尼克森任內到中國進行外交訪問的機率有多少。結果尼克森一九七二年眞的去了中國，連外交專家都沒想到。費施霍夫很有腦袋，他事後請同一群人回想自己當初給出的機率是多少，結果發現受訪者記憶中的機率比他們當初給出的機率高。基本上，受訪者覺得自己都料到尼克森會訪問中國，他們「早就知道」這件事會發生。

修習社會科學的時候，往往會受後見之明偏誤的影響。當老師告訴你一項心理學或社會學的新發現，你可能會自己想出一個成立的理由，從而覺得這個新發現非常明顯，而且覺得自己早就知道了。爲了在課堂上示範這一點，我們讓學生閱讀一項浪漫關係的研究，告訴其中一半學生研究顯示「物以類聚」，再告訴另一半學生研究顯示「異性相吸」。兩種說法都是「常識」，卻完全相左。遺憾的是，兩邊學生各自讀完所謂的新發現後，幾乎都認爲新發現「非常明顯」，說不定心裡還想教授幹麼要教他們這麼簡單的事情。

如今，後見之明偏誤的例子成百上千，有些無傷大雅，有些比較嚴重。許多年前，前美式足球員兼演員辛普森（O. J. Simpson）涉嫌殺害前妻受審。判決之前，包括專家（執業律師和職業賭徒）在內，大多數人都認爲辛普森會被判有罪。「無罪」

判決出來後，我們以爲專家會說「唉呀，我說錯了」，結果許多專家卻在新聞節目提出「解釋」，表示黑人陪審員（此案黑人陪審員占陪審團多數）通常會袒護黑人被告。當時可得的資料顯示，這個說法與事實不符，而且假若他們眞的如此認爲，當初爲何不預測辛普森會獲判無罪？於是這些專家只好編出一套黑人陪審員懷有偏見的迷思。

內團體偏誤與「別徽章」

一九七〇年代，心理學家泰弗爾（Henri Tajfel）提出了「最小團體」研究典範。他根據明顯任意的標準（例如高估或低估螢幕上閃現的光點數）將受試者分組，接著證明再小的分組，也足以讓受試者爲不相干的任務分配獎勵時，偏袒自己組的成員[80]。

社會心理學家發現，人們表達態度，有時不是爲了表示自己有多相信某個命題（例如死刑或槍枝管制對於凶殺案的影響），而是出於公開表達個人價值觀的渴望。我們認爲這種現象可以用「別徽章」來形容，也就是表態，本書稍後還會再提到它[81]。

性格歸因偏誤

麥考恩發現，他開車時經常會在心裡咒罵一邊開車一邊找路的駕駛。這群慢郎中顯然非常自我中心，不在乎其他用路人。但是他發現自己想找某家店時，往往也會在經過購物中心時放慢車速。這時後方如果有人按喇叭，他就會很疑惑：難道他們看不出來問題出在開發商身上嗎？誰叫那群蠢蛋把購物中心設計得那麼糟？其實，不是只有麥考恩會出現這種奇怪的前後矛盾。一九九一年一項針對車禍受害者的研究發現，多車事故中，九一%的駕駛會將責任歸咎於其他人，通常是另一位駕駛[82]。

心理學家一直以歸因理論爲架構，研究人如何解釋自己和他人的行爲。一九五八年，海德（Fritz Heider）主張人對他人的行爲通常傾向「內部」歸因，例如「貪婪」或「聰明」等人格特質，而非「外在」歸因，如環境風險或能見度低。但面對自己做出的錯誤行爲，人卻傾向歸咎於外在原因。到了一九七七年，羅斯（Lee Ross）更進一步主張，由於這個偏誤太過普遍，應該稱作「基本歸因謬誤」[83]。在後來的研究中，羅斯指出這種傾向往往會加深人際衝突，因爲各方都只鎖定對手的動機與缺點，無視導致衝突的強大情境因素。

一九九〇年代，不少跨文化研究開始指出，基本歸因謬誤其實沒那麼基本，例如亞洲人就比西方人更傾向外在（情境）歸因[84]。因此，多數研究者喜歡將這個偏誤稱作「性格歸因偏誤」，而且在西方文化中特別明顯。不過，亞洲人也有「對人不對事」的毛病。據傳中國古代哲學家莊子就曾指出：「方舟而濟於河，有虛船來觸舟，雖有惼心之人不怒；有一人在其上，則呼張歙之，一呼而不聞，再呼而不聞，於是三呼邪，則必以惡聲隨之[85]。」

確認偏誤

好酒沉甕底——說它「好酒」，是因爲這個偏誤可能是我們最希望大家克服的。所謂的「確認偏誤」，是指人往往會尋找符合假設的證據，而忽略可能和假設不一致的證據。就算我們手上握有全部證據，但只要偏袒支持我們假設的事實，勝過不支持我們假設的事實，那也是確認偏誤。同理，比起有利的證據，人往往會對不利的證據做更嚴苛的檢查。確認偏誤橫跨冷熱偏誤。熱確認偏誤很常見：只引用有利於自己辯贏的事實，或是完全否認不利的事實，就是熱確認偏誤。然而，冷確認偏誤一樣重要：人往往會尋找和引用支持自己假設的事實，因爲這樣做感覺很合理。畢竟要是連一個支持的例子也找不到，我們的假設就根本站不住腳。問題出在我們找到支持的例子之後就停了。後續章節還會談到確認偏誤。

反向思考：去除偏誤的小訣竅

先生，我想光憑你年齡比我大，或見的世面比我多，是沒有權利來命令我的；你是否有權自稱優越，得看你怎樣利用你的歲月和經歷。

——《簡愛》作者夏綠蒂．勃朗特

熟不一定生巧，熟對了才能生巧。

——美式足球教練隆巴迪（Vince Lombardi）

前面提到，人很難從生活經驗學習的原因很多。但有件事必須說清楚，我們沒有說人完全無法從經驗學習，不然科學就是白費力氣了。只是，從經驗學習很難，需要我們仔細檢視經驗。艾瑞克森（K. Anders Ericsson）可能是研究人如何成爲專家的首席權威，他曾經這樣主張：「單從經驗學習的效果和刻意練習的效果大不相同。

刻意練習時，人全心主動嘗試超越現有的能力……刻意練習需要專心，但這種專注的維持時間很有限。」

教你（至少提醒你）這些偏誤，會讓你少一點偏誤嗎？我們也希望事情有這麼簡單。研究顯示，得知這些偏誤有助於減少偏誤的影響，但效果甚微。另一種做法是花錢促使人盡力做出準確的判斷——因爲一講到錢，人或許就會放下缺點，更有系統地進行推理。但令人意外的是，這一招似乎也不是永遠管用。有時就算代價很高，人還是無法克服基本的判斷偏誤。

截至目前，去除偏誤最有效的方法，或許是所謂的反向思考（當情況更加複雜，就要考慮其他可能[86]。當你非常期望某個結果，請先想想可能有哪些情況會發生相反結果。這時你往往會發現，沒錯，你確實擁有好理由支持原本的選擇，卻也有好理由支持相反的選擇。第四章曾經提到一種對話練習（主題是學校增加標準化測驗比例），所有參與者都必須對自己發言的眞假給出信心水準（例如「七五％」）。有意思的是，當參與者發現他們對自己大多數發言的信心水準都不到九九％，自然就會開始「反向思考」。科學課很少教導學生「反向思考」，因爲這個技巧已經融入大多數的科學方法論裡，例如隨機分派實驗就是爲了探討相反（「反事實」）情況下會發生什麼。

下一章將說明受動機影響的認知（motivated cognition）如何扭曲科學實踐，就算研究者自認忠實呈現事實也不例外，同時介紹專業科學家發明了哪些技巧克服偏誤。

第十三章
科學出差錯

一九八八年，法國一所實驗室的優秀主管及其研究團隊在備受敬重的《自然》期刊發表了一篇論文，提出一項驚人的主張。論文宣稱原本含有某抗體的液體經過多次稀釋後（稀釋水量是原始液體的 10^{120} 倍！），即使已經過度稀釋得近乎純水，在新液體中找到原始液體的機率微乎其微，卻仍然保有原始液體的部分放射性。論文認爲水的分子結構擁有記性，能記得反覆稀釋前存在的物質。

我們應該如何看待這樣一篇論文？既然本章題爲「科學出差錯」，你應該能猜到答案絕不會是熱切贊同這是一項大發現。但這個故事觸及了一個我們都會遇到的大問題。不論科學期刊或相關新聞都不會註明哪些論文提出了令人興奮的新結果、哪些是科學出錯的例子。但這件事很重要。要是我們的親人得了疑難雜症，而有論文表示水有分子記憶，我們可能就會對某些順勢療法抱有希望，因爲順勢療法就是主張超微量稀釋液體具有療效。但要是論文誤導了我們（本章稍後會解釋我們爲何如此認爲），可能會導致數百萬人白費金錢，更嚴重的是害這些人無視眞正有效的治療方法，以致健康受損。

辨別好科學與壞科學，比之前討論過的問題還複雜，因爲其中包括各種情況，像是科學未能滿足世人的期望，或有人替明顯假造的東西或理論披上科學外衣，以便博取信任。這些情況有些出於無心，也無意欺騙，有些則出於矇騙與欺詐。

科學出差錯的方式百百種

爲了有個比較基準，讓我們從好科學開始。理想上，科學研究只要好好做，就會得出正確結果。你在報章或科學期刊讀到某項研究成果時，心裡都是這樣期望的。然而，有時科學就算好好做，也會得出錯誤結果。事實上，根據我們在第四章對信心水準的討論，好科學**就是可能**得出錯誤的結果。好科學家會告訴你信心水準，也就是結果正確的機率，而你能期望的也就這麼多了。當好科學家給出九五%的信心水準，而且確實對研究盡了全力，那麼二十篇論文裡就會有一篇是錯的，也就是會有好科學得出錯誤的結果。當信心水準爲九五%時，至少二十分之一的論文會屬於此類。

接著讓我們來看壞科學。壞科學裡最無心的是科學家做出的不良品。他們大部分程序都做對了，只是犯了嚴重錯誤。例如有些研究者不了解第七章提過的「也找找效應」：當研究除了原本預定檢驗的變數之外，還額外檢驗了其他變數，就很可能將偶然發生的關聯誤解讀爲有意義的結果。你已經知道這個效應，所以不會犯這種錯，但有些科學家沒有察覺自己落入了也找找效應的陷阱，以致研究結果其實站不住腳，卻宣稱可靠。當然，科學家沒做好的情況可不只這一種。

繼續往下討論之前，我們必須對科學上犯錯說一句公道話。正確嚴謹進行科學研究與分析有時眞的很難，有太多犯錯的可能。我們雖然介紹了科學家多年來學會留意的一些陷阱大坑，但不表示這件事做起來很容易（老實說，就算這本書是我們寫的，各位也讀了這本書，有時**還是會**犯也找找效應的錯）。科學社群之所以互相審核論文、複製對方的實驗結果，也是因爲每位科學家都需要同伴發現自己無可避免會犯的錯。

因此，當我們抓到某篇科學論文犯了錯，可不要太自鳴得意，因爲這就是科學的運作方式（特別擅長設計方法揪出錯誤的科學家其實備受重視，至於經常提出錯誤結果或就算發現錯誤卻依然拒絕認錯的科學家，當然沒那麼受人尊重）。此外，當我們讀到剛發表的論文，首先應該假設結果可能有誤，而且可能得在其他研究對結果進行探討之後才會發現，即使論文是通過一般來說很嚴格的同儕審核才發表的也不例外。

再來是病態科學。這是諾貝爾化學獎得主朗謬爾（Irving Langmuir）一九五三年於一次演講中提出的概念[87]。朗謬爾舉了幾個例子，科學家起初循規蹈矩進行科學研究，後來卻愛上了驚人的研究結果，以致開始忽略所有表明結果有誤的徵兆，最終墮入深淵。和前述努力想找出結果是否可能出錯的科學家不同，這些科學家並非忽略了不容易察覺的錯誤，而是面對所有證明結果有誤的證據，仍然想方設法捍衛自己的研究結果[88]。好科學家會犯下這種錯誤實在令人震撼，等我們介紹完科學家犯錯的其他方式之後再回來討論。

病態科學之下，就是我們有時稱作「僞科學」的類別。僞科學也會使用科學語言。這些人喜歡科學語言，卻不喜歡科學研究。因此，他們其實不打算檢驗自己所宣稱的原因與結果之間是否存在因果關係，也不打算將自己的主張納入我們所知的其他一切，也就是本書之前用「木筏」比喻的科學知識之網，但他們確實發明了許多聽來很像一回事的字眼。

有時不難判斷我們遇到的是僞科學，但許多時候都必須仔細檢視。作者或許把網站設計得很漂亮，方程式也寫得有模有樣，但只要細看就會覺得，等一下，網站上的用語聽來很像科學術語，但用法並不正確，而結論是從錯誤的用法推導出來的。此外，僞科學網站通常不會認眞探討結果可能在哪些情況下有誤，也不會指出現有論據裡的弱點。

僞科學有時會和所謂的貨物族科學（cargo cult science）混在一起。這個用來描述科學錯誤的用語，其典故來自知名諾貝爾物理獎得主理查·費曼。他在一九七四年加州理工學院畢業典禮演講上首次提到這個詞：

> 南太平洋有一群貨物族人。二戰期間，他們看見飛機運來許多好東西。戰後他們希望好事重演，於是便做了類似跑道的東西，兩旁布置許多火堆，還搭了一間小屋，派一個人坐在裡頭，當成飛航管制員，頭上綁兩塊木頭，狀似耳機，木頭上插著竹片，好像天線，然後開始等飛機來。他們什麼都做對了，看上去一切完美，和之前一模一樣，但卻毫無用處，沒有半架飛機出現。這種做法我一律稱作「貨物族科學」，因爲他們一切遵照科學研究的規則與形式，卻少了最重要的東西，因爲沒有飛機會來。

費曼口中的「貨物族科學」雖然有點類似僞科學，但可能比僞科學還糟糕，因爲這種科學只隱約戲仿眞科學，實際上卻等於戴著竹片天線的木頭耳機，期望飛機出現。當然，使用貨物族科學是不可能讓眞科學出現的。

貨物族科學還不是最嚴重的。最後一名（而且是遠遠落後）是造假科學，也就是主動刻意扭曲自己的發現以誤導他人。這類不當行徑可能出於意圖牟利，也可能源自害怕失去工作或個人野心。我們很難估計科學詐欺有多普遍，雖然遠非頻繁，但可能沒那麼罕見。調查顯示，將近二%的受訪科學家（匿名）承認曾經參與科學詐欺，七分之一的受訪者認爲同行參與過科學詐欺[89]，這些數字聽起來有點恐怖。

詐欺當然是壞事，但就算偶爾出現詐欺，科學還是可以運作，因爲科學的標準程序，包括審核研究發現、複製研究結果、檢驗科學發現蘊含的新假設，都可能在造成重大傷害之前剷除假結果。

詐欺者假如選了一個不起眼的科學主題，或許永遠不會被逮到，但如果主題不起眼到沒人在乎，就算詐欺成功顯然也得不到多少好處。因此，我們認爲（至少希望）詐欺科學影響有限。基於科學目的在探究實在，並根據對實在的理解提出有效的解決方案，而且表現得相當成功，我們推斷科學文獻裡沒有太多假造的內容。但每年有幾百萬篇論文發表，因此我們每隔幾個月就會聽到又有離譜的科學詐欺案例發生。

有趣的是，你閱讀本書就等於在接受訓練，用新近發展出來的方法揪出這類科學詐欺行爲。不少科學家回頭檢視論文裡資料分布的分散情況，尤其是那些他們覺得有些可疑的研究資料，結果發現人在僞造資料時，很不擅長在資料裡僞造不規則雜訊。當我們將資料繪製成圖表，其中的統計不確定簡直如完美的鐘型分布，而且看不到量測可能造成的其他雜訊的跡象（包括本書第九章提到的系統不確定），有時甚至連鐘型分布的雜訊也沒有，所有資料看來都無比完美，連（我們在第七章見到的）實際擲硬幣得到的正反面數據也比不上[90]。

面對這一連串科學出差錯的模式，我們該如何自處？當然，本書不斷強調思考的各種出錯方式，其實是有目的的：我們希望讀到科學結果時能認出這些錯誤，尤其想找到專家來幫助我們抓出這些錯誤。我們希望日常生活不要掉進這些認知陷阱（不論面對的是不是科學問題），也不要成爲研究時犯下這些錯誤的科學家。儘管我們大多數人都不是科學家，但是透過這些科學出差錯的經典案例，不論是掉進陷阱或努力避開陷阱的故事，從科學家的角度思考這些出錯模式還是很有用，很有提醒效果（要是《星艦迷航記》裡愛講邏輯的史巴克犯過其中任何一種錯，我們肯定記得清清楚楚）。

病態科學特別值得擔憂的原因

面對這些出錯模式，我們需要注意的可能是中間幾個，而非光譜兩端的狀況。對於好科學偶爾還是會出錯的情況（信心水準九五％時，機率爲二十分之一），除了找其他人幫忙找出無心之過（例如複製我們的研究結果），就沒有其他辦法了。至於另一個極端，我們大多數人都不會不知道科學詞彙的意思就隨意亂用，也不會徹底編造資料來證明自己的論點。但位於中間的病態科學（也就是投入或愛上特別令人興奮的研究結果，以致無視所有暗示結果有錯的資料），卻有許多特徵看得出來是我們可能會掉進（甚至已經掉進）的陷阱。

朗謬爾在那場提到病態科學的演講裡列舉了幾個「徵兆（tell）」*，他認爲這些徵兆透露了得出的科學結果可能屬於這個類別：

一、造成結果的原因僅僅勉強可測得，而且結果的強度基本上和原因的強度無關；

二、結果本身僅僅勉強可測得或統計上非常不顯著；

三、宣稱準確度極高；

四、包含違反經驗的奇特理論；

五、會用特置假說**來回應批評；

六、初期支持者和批評者的比例升到將近一比二，隨後降到趨近於零。

因此，若你擔心研究結果，首先要問：「結果（或原因）僅勉強可測得嗎？」當然，如果你覺得自己遇上了病態科學，那麼因與果可能都僅勉強可測得，因爲如果因與果很明顯，你可能就不會擔心了。下一個問題可能比較微妙：「結果的強度取決於原因的強度嗎？」這就是我們在第三章討論希爾準則時提到的劑量反應關

---

*譯註：tell爲撲克玩家用語，意指玩家無意間透露的表情、言語或小動作，這些動作可能讓他輸掉比賽，也可能是發現對手在觀察自己時刻意做的，好讓對手誤判。一般譯爲「馬腳」，在本書裡則依脈絡分別譯爲「徵兆」或「特徵」，特此說明。

**編註：ad hoc，意指爲了解釋某個特殊情況或特定問題而臨時提出的假設或理論，但可能並未經過嚴格的證據檢驗。在日常語境中，也可用以形容爲了解決某一具體問題而臨時做出的應急性解釋或決策。

係：當「劑量」（因）提高一些，反應（果）也應該提高一些。但情況並非總是如此，譬如小劑量抗體可能沒有效，但只要劑量超過閾值，很快就會出現反應，消除感染。然而，當你使盡全力才偵測到因果，這時就需要額外證據來確保你沒有欺騙自己，看見不存在的因果關係，而因與果之間可複製的相關性（即劑量反應關係）就成爲重要指標。當然，這項要求更嚴格，不是只測得因與果就好；但這樣做能提醒我們，當因與果只是勉強可測得，我們很容易射箭畫靶，在結果裡看到自己想看到的東西，因此必須對所提出的主張格外嚴格。

套用我們描述病態科學時的用語來說，朗謬爾列出的徵兆，有許多看來都是愛上研究結果所造成的。「愛上研究結果」這個比喻其實很棒，因爲當你愛上某人，有一段時間會覺得對方好可愛、好迷人（你知道：「他們取笑我朋友的方式好可愛哦，對吧？」）。但幾年後當你落回現實，愛情的化學反應褪去，你就會想：「我當時到底在想什麼？」

當你愛上某人，一切都感覺很美好；當你愛上某個想法或科學結果似乎也是如此。你感覺自己發現了世界運作神奇的一面，心裡興奮不已，世界將因你的發現而不同。你開始拋棄那些沒有給出你想要結果的資料，只鎖定「正確的結果」（導致朗謬爾徵兆三）。你開始提出異想天開的奇特理論，解釋背後的道理（朗謬爾徵兆四），毫不在意這些理論是否和其他許多更完善的科學概念與證據相一致，也不在乎能否融入人類幾千年來織就的概念之筏。我們已經在科學裡打造了一個連貫的故事。當你的解釋不符合這個故事，就應該是危險訊號，但若你瘋狂愛上自己的想法，就會無視這個警告。

更麻煩的是，愛上一個人會讓你反駁科學社群的批評，只為了捍衛自己的心上人。當別人指出你的實驗或結果有什麼問題，你就開始生出一些漂亮的藉口：「哦，那是因為你來錯日子了。那天濕度很高，所以實驗不成功，要是濕度低就不會這樣了！」你開始發明這類特置論點來回應批評（朗謬爾徵兆五）。

從科學社群的回應裡還能找到另一個線索（朗謬爾徵兆六），那就是其他科學家一開始會對你的結果感到興奮，因為有可能改變一切，但隨著時間推移，其他科學家開始幻滅，因為他們複製不出相同結果，最終基本上不再有人買單。

誰該怕病態科學？

有件事或許值得一提：朗謬爾描述的病態科學並沒有明確二分的嚴謹定義。他並沒有區分什麼是病態科學，什麼不是。他列出的徵兆只是一些警訊：當你讀到某個東西，心裡覺得有點像病態科學，就應該提高警覺。不論你是正在進行實驗的科學家，或想找出因果關係以便做決定的普通人，只要開始感覺自己出現類似朗謬爾描述的徵兆，就應該停下來問問自己：「我接下來打算怎麼辦？」（目標絕不是成爲最後一個察覺自己的偉大重建計畫根本行不通的人）。

由於徵兆很多，光出現一個不會立刻讓結果可疑。假設某個研究結果有明顯可測量的原因和明顯可測量的效應，而且兩者關係顯著，其他人複製實驗都能得到相同結果，只是之前沒人這樣做。當你做了測量，所有人都說：「哇！你說得沒錯！這個增加，那個就會增加。」由於統計顯著，準確度無須完美也能看出兩者明顯相關。這時，就算研究結果和所有其他現行理論相違背，你也會更認眞看待這個研究結果，不會將它當成病態科學直接放棄。當初珀爾馬特的團隊和另一個團隊得出量測值，顯示宇宙正加速膨脹，基本上就是這麼回事。科學家見到效應夠大（根據遙遠爆炸恆星的亮度來衡量），便開始接受他們的主張，並且表示：「看來我們必須重新思考，該如何調整構成目前科學觀的那些環環相扣的故事了。」

當你得出的結果和現行理論相牴觸，背後的科學就會受到更嚴格的檢視，必須通過更高的證據標準才能被接受。用木筏比喻來說，這個研究結果就像一根新木頭，和原本的木筏格格不入。但你不希望只因爲這個結果和整個故事不合就拋棄它，於是決定暫時將它放在一旁。最後，要是你取得足夠的木頭，可以繞著這根新木頭搭出一艘更好的新木筏，你就能這樣做。愛因斯坦提出相對論就是如此。他的理論讓我們接受空間本身可以彎曲的想法。當我們遇到這種古怪的想法，或從普通角度去看毫無意義的構想，自然不希望只因難以想像它如何運作就拋棄它。

見眞章的時刻

現在我們已經知道科學出差錯的所有可能情況，也被警告不要掉進病態科學的陷阱，那麼我們該如何看待自己讀到的科學新聞或可靠專家提出的最新證據呢？就連科學家自己也很難讀懂、理解和正確評估自身領域之外的科學論文，更別說那些對方所使用的術語與實驗挑戰我們一無所知的領域了。不過，儘管許多科學論證都很難懂，有時還是可以抓到論證的基調，尤其是尋找作者本身有努力糾出錯誤或可能被誤導之處的證據[91]（這很類似減少認知偏誤的最佳做法「反向思考」，這點並非巧合）；而朗謬爾列出的徵兆往往能幫助我們掌握論文的基調。

幾個案例

冷核融合

在眾多科學新聞當中，核融合發電這個公認重要且始終熱門的主題便需要這種評估。每隔幾年，報紙上就會出現一波新聞熱潮，宣稱核融合發電又取得了突破。這類科學主張登上新聞一點也不奇怪，因爲我們如果能從含量豐富的燃料（如海水）製造出大量可用能源，而且只產生少量的可處理廢料，又不會產生額外的溫室氣體，全球所有人的生活就能大幅改善。這個終極目標促成了兩項長期的國際計畫，各自使用不同（且迭代推進）的技術，希望最終能打造出可控制的持續核融合反應爐，成爲產業可用的能源來源。但除了這兩項耗資數十億美元的大計畫持續傳出小幅進展的消息，媒體還不時會出現其他團隊宣稱取得突破，再也不需要那些爲期數十年的巨型研發計畫的新聞。其中一個例子就是一九八九年的「冷核融合」。

冷核融合之所以叫冷核融合，是因爲前面提到的兩大核融合技術都必須使用足球場大小、非常耗能的機器，期間產生極度高溫，比太陽溫度還要熱上一個數量級。一九八九年春，資深化學家龐斯（Stanley Pons）和弗萊施曼（Martin Fleischmann）召開記者會，宣稱他們用桌面大小的實驗裝置誘發了核融合並產生能量，方法是讓電流通過名為電解池的常見化學裝置，但特別使用了鈀和含氚的「重水」。由於實驗是兩位聲譽卓著的科學家做的（他們很清楚自己在說什麼，不是僞科學），科學社群（和全球所有人）都爲之興奮，立刻著手了解背後原理，並開始檢驗能否複製出相同結果。

然而，許多嘗試複製結果的人都失敗了，於是其他科學家開始尋找原始實驗的瑕疵與錯誤來源。有物理學家指出，如果產生龐斯和弗萊施曼所說的那種核融合，應該會釋放出強烈輻射，足以殺死實驗室裡所有人，但似乎沒人受傷。還有一點也很奇怪，通過電解池的電流大小沒有改變，但實驗開始後不久就開始產生額外能量。面對這些質疑，包括實驗設計的問題，龐斯多半沒有回答。弗萊施曼和龐斯始終堅信自己的實驗發現，但到了同年底，絕大多數科學家都認爲冷核融合是無效主張。

新聞媒體沒有錯過這些擔憂。《紐約時報》記者布朗（Malcolm Browne）表示，「龐斯博士和弗萊施曼博士……拒絕提供後續實驗的細節。」約十年後，帕克（Robert L. Park）在《巫毒科學》書中回顧當年：「按照龐斯和弗萊施曼宣稱的能量級，他們的測試裝置應該會釋放致命劑量的核輻射……成爲車諾比以西最高溫的輻射源。」《科學美國人》回顧當時也表示：「所有冷核融合的眞信徒都同意，他們的結果是不可複製的。對大多數科學家來說，這就表示冷核融合的結果不可信，眞信徒卻認爲這種不可預測性反而讓結果更有意思！」

冷核融合出現了幾個朗謬爾徵兆？首先，效果強弱（核融合產生的能量）看來顯然和原因的強度無關，因爲龐斯和弗萊施曼宣稱的效果出現時，輸入電流的能量並未改變。而我們所有現有的物理經驗和相對健全的物理理論都指出，核融合應該會產生可測得的副產品，如輻射，因此副產品沒出現至少需要一個理論解釋。但這個理論就算不是異想天開，也和目前最佳的「科學之筏」不一致。此外，無法複製出相同的實驗結果似乎導致了各種特置藉口出現（即使我們並不清楚，這些藉口是出自龐斯團隊或其支持者）。最後，冷核融合的支持者先是增加，隨後便因更多資訊出現而減少。因此，冷核融合似乎符合四個朗謬爾徵兆。即使其他兩個徵兆（效果勉強可測得、宣稱準確度極高）似乎沒有出現，但在一九八九年底，你已經有足夠的理由擔心這個主張的有效性，不會想將錢投資給任何冷核融合公司。

這裡必須釐清一件事：尋找新而罕見、但更容易使用的核融合技術是科學應用的絕佳範例。就算研究結果無法複製或實驗存有瑕疵，也不必然是壞事。但我們都必須懂得退後一步，主動尋找哪裡可能出錯。這種時候，加碼下注並不是優點。在冷核融合的例子裡，正是支持者拒絕考慮其他可能，考慮有地方嚴重出錯，才是警訊所在。

水有記性

了解完冷核融合這個令人擔憂的例子之後，讓我們再回到水經過超微量稀釋仍會保有分子記憶的理論。《自然》期刊處理「水有記性」理論的過程非常精采，充分展現了期刊主編馬杜克斯（John Maddox）面對大科學家提出奇特（異想天開？）理論時的爲難。這位知名科學家名叫賓文尼斯特（Jacques Benveniste），他投稿到《自然》期刊，宣稱就算將某抗體溶液用水稀釋十的一百二十次方倍，仍然有跡象顯示稀釋後的液體具有抗體的生物活性。馬杜克斯當然希望鼓勵超越既有學說、打破常規的創新主張，可是賓文尼斯特的研究結果不僅超越了現有主流理論，還和（用我們的比喻來說）整艘科學之筏完全牴觸。如同馬杜克斯後來所言：「與其說我們心智封閉，不如說我們還沒準備好改變對於科學如何建構的整套觀點[92]。」

面對如此不尋常的狀況，馬杜克斯想出了一個折衷的做法。他決定讓這篇論文在《自然》發表，因爲審稿人找不出論文有什麼問題，而且論文出自備受敬重的實驗室，顯然不會是僞科學。但由於研究結果可能會誤導許多世人（約有半數法國人嘗試過順勢療法），因此他補上一條編輯警語：「謹愼的讀者實有明確良好的理由暫時不下判斷[93]。」此外，他還堅持《自然》派一個團隊到賓文尼斯特的實驗室監督重做實驗。由於人實在太難看出自己如何欺騙自己和被他人欺騙，因此馬杜克斯特地找了美國國家衛生研究院物理學家史都華（Walter Stewart）和舞台魔術師蘭迪（James Randi）幫忙。前者對揭穿可疑科學經驗豐富，後者則有「神奇蘭迪」之稱，曾經證明蓋勒（Uri Geller）等自稱通靈者展現的超自然能力其實是造假。

根據調查報告，實驗重做之初，賓文尼斯特實驗室裡氣氛蠻歡樂的，因爲蘭迪不時會表演小魔術娛樂大家。監督團隊首先觀察實驗室照原本的做法進行了幾次實驗，並且標記所有取樣瓶。接著，他們按照事先講好的做法，隨意調換或隱藏取樣瓶的標籤（「盲測」）之後又做了幾次實驗。看來蘭迪是將隱藏的標籤包好，用膠帶貼在天花板上（應該是爲了戲劇效果），直到實驗結束，所有人等著揭曉。結果公布，「盲測」實驗就沒效果了：只有幾乎未稀釋的液體具有生物活性，而非眾所期待的超微量稀釋液體。換句話說，當實驗者並非「盲測」，而是知道哪個取樣應該產生哪種結果，實驗過程的某部分就會虛構出實驗者想看到的結果。馬杜克斯、蘭迪和史都華在下一期《自然》期刊的報告裡表示：「我們的結論是，超稀釋微量（最高達十的一百二十次方）免疫球蛋白 E 抗體溶液仍然保有生物效應的說法缺乏實質根據。水能記住先前溶質的假說既無必要，又屬於空想[94]。」

馬杜克斯、蘭迪和史都華在報告結尾點出了賓文尼斯特實驗室的一些問題，讓人自然想起朗謬爾的警告。比方說，實驗有時顯然「沒反應」（朗謬爾徵兆五），而賓文尼斯特的研究團隊也指出，有些時候不論做幾次實驗都沒有反應。他們曾經推測問題可能出在用來稀釋的水，而實驗室裡也「傳說」只要將稀釋溶液換到另一根試管就會破壞效果，還有每次以三或七的倍數稀釋，而非十的倍數，也會得不出結果。調查報告還指出，量測效果很需要本事（眾多血球裡只計算其中一種血球），實驗室裡只有某些人特別擅長（可能是朗謬爾徵兆二：效果勉強可測得）。最後，計算準確度似乎高於理論上能做到的程度（徵兆三），尤其是同一樣本兩次量測太過一致，看不到這類計數爲主的實驗必然會出現的量測誤差。

至於最初那個驚人的研究結果，顯然已經透露了徵兆一：效果完全和原因無關，因爲反覆稀釋後的溶液依然具有生物活性。而水的分子組織會記住曾經混入的物質，聽來顯然像是違反經驗的空想理論（徵兆四）。這讓我們有足夠把握，水有記性是病態科學。如同馬杜克斯、蘭迪和史都華在報告中所言：「我們認爲（賓文尼斯特的）實驗室詮釋資料時先是產生了一個錯覺，隨後又抓著錯覺不放。」賓文尼斯特自始至終都沒有改變主張。

你當時如果滿心期盼，經過了兩百多年，總算有科學證據支持順勢療法，肯定會很失望。當然，檢驗這類主張最直接的方法就是第三章提到的隨機對照實驗，而閱讀本書的你肯定會想知道，這些實驗無一例外，統統不支持順勢療法[95]。事實上，這類檢驗早就存在了，其中一八三五年對某個順勢療法的檢驗，更是人類歷史上最早的雙盲隨機對照試驗[96]！

扭矩——思覺失調假說

不過，我們可不希望讀者留下錯誤印象，以爲（和棒球員貝比魯斯一樣）全力「揮大棒」的科學家只會做出病態科學。因此，我們有必要舉一個例子，**看起來像**病態科學，並說明它爲何擺脫了病態科學的命運。一九七七年，備受敬重的臨床心理學家布勞（Theodore Blau）出任美國心理學會會長。他在會長就任演說時提出了一個非常大膽的假說：**只要讓孩童繞著 X 畫圓，就能預測他們日後罹患思覺失調症的風險！**

布勞宣稱（並提出一些證據），習慣逆時針畫圓（他稱之爲「扭矩」的傾向）的孩童罹患思覺失調症的風險明顯較高。這個主張乍聽很離譜，其實不然。布勞主張，藉由他設計的簡單實驗，就能揭露「混合腦部顯勢」*的問題，而左右腦的溝通訊號會受此干擾。然而，之後將近十年，許多研究都無法證實布勞的主張。

爲何這項主張和「冷核融合」或「記憶水」不一樣？我們認爲原因在於布勞毫不諱言自己有哪些地方可能出錯。他指出「目前的研究本身就具有嚴重的方法論與基本率問題，除非得到研究與解決，否則不可能對孩童罹患思覺失調症的預防做出貢獻」。布勞還建議必須從其他角度尋求證據驗證他的想法。或許正由於布勞的謹慎，使得批評者對他的假說都很尊重，批評也很專業（只不過還是難免拿假說的名稱當哏開個小玩笑，說他也許「轉錯了方向？」）。

何必在乎？

在我們之中，可能只有少數人會花大量時間進行科學實驗，並擔心自己的研究可能是病態科學。但所有人在做決定時，經常都希望能照我們對實在的最佳理解來做判斷，例如是否服用順勢藥方。因此，我們確實需要判準來辨別科學何時出了差

＊編註：mixed cerebral dominance，意指左右腦在控制不同功能或行爲時，沒有明確的優勢或偏好。

錯，並觀察我們仰賴的專家是否使用這些判準或類似的判準，檢驗他們做出推薦時所依賴的證據。之所以特別舉兩個著名科學家出現朗謬爾徵兆的誇張例子，部分便是出於這個理由。

然而，這幾個案例或許點出一個更根本的問題。不論我們有沒有在做科學研究，都會相信某些事物必然爲眞，而且就算這些想法和我們認爲自己知道的其他事情再牴觸、再矛盾，我們依然照信不誤（「沒想到我工作超量，必須一心多用的時候，做事最有效率」）。每當這些想法不管用，我們就會像上一章說的，找一堆爛藉口，而且只留意那些最符合我們想法的例子（「難怪我星期五沒辦法一心多用，因爲我沒睡好！」）。如同前述兩個案例告訴我們的，就連曾經做出眞發現、經驗老到的科學家，即使科學訓練應該讓他們對這些認知偏誤模式更有抵抗力，顯然還是會掉入陷阱。每當你察覺自己出現同樣狀況，就要想起「有記性的水」和「冷核融合」，然後退後一步告訴自己：「我在這裡最好多當心一點。」

回到「科學出差錯」這個大主題，我們還要留意用科學語言包裝虛構事物的做法，也就是僞科學，以及假造證據支持科學主張的不當手段。往好處想，我們對循規蹈矩卻因爲隨機統計雜訊而得出錯誤結果的科學研究可以更寬容，甚至接受他們偶爾會被其他科學家抓到錯誤。往壞處想，雖然假造資料感覺已經是檢視科學結果時可能遇到的最底限，但是過去還有一種科學誤用更惡劣，那就是使用科學語言和科學主張來合理化或煽動歧視、壓迫、甚至大屠殺。

這些嚴重的科學濫用多半是對人類的某個亞群進行研究，以證明傷害某些亞群或偏袒研究者所屬亞群的政策是合理的，程度從輕微歧視、合法支持隔離，甚至到種族滅絕都有。著名案例包括顱相學、優生運動、門格勒和納粹醫學、塔斯基吉梅毒實驗等等。這些事蹟顯然不僅反映了科學失靈，也反映了人類行為深層令人不安的一面，以及文化與文明的根本失敗。但重點是必須反省，我們該如何運用科學來對抗這些危險，拒絕被拉攏支持這種壓迫，甚至成爲共犯。

縱貫本書，我們不斷強調自己多年來（主要透過科學文化）學到的道理，關於我們多容易欺騙自己、誤解實在，以科學之名行壓迫之實，可說是這種自欺的惡魔版。儘管我們很難避免欺騙自己，但可以（一）提高對這些失敗模式的警覺，才有機會在快要掉進陷阱前察覺並矯正回來；（二）運用技巧和防護機制以免掉進失敗模式。對於研究人類亞群可能帶來的危險，我們通常用第一種方法來提高戒心，用過往案例嚇阻自己，以便日後在見到根據這類研究提出的政策時更有警覺，對自己可能參與設計或使用類似過往惡例的研究更加敏感。

至於第二種方法，也就是訂定防護機制，我們也可以提供幾個例子。在新聞報導納粹人體實驗、塔斯基吉實驗和其他惡例之後，美國國會便授權成立了生物醫學及行爲研究之人類受試者保護國家委員會[97]。在該委員會完成的《貝爾蒙報告書》中，委員們定下了人類受試者接受科學研究的三大倫理原則：**尊重個人**，包括確保個人的自主權；**善意**，在「不傷害」的前提下，盡可能增加好處；**公正**，包括公平分攤代價與分享利益。這些原則後來成爲防護措施，許多獨立倫理委員會都據以監督與審核人類受試者研究。例如，現在美國所有接受聯邦資助的大學與研究組織都要常設獨立倫理委員會，審查所有涉及人類受試者的研究計畫，就算計畫本身不受聯邦資助也不例外。這些獨立倫理委員會原本只審查醫學研究，但很快就擴及社會科學。許多其他國家也有類似程序，並有另外的獨立倫理委員會專門審查動物研究。

和其他人爲措施一樣，獨立倫理審查並不完美，必須在本書提過的「僞陽性—僞陰性」兩難之間做取捨。譬如獨立倫理委員會可以設下極高的標準，幾乎沒有研究計畫做得到。此舉雖然可以防止人類受試者受到任何傷害，卻也阻擋了大量可能造福未來人類的研究。

近年出現另一個設立防護機制的做法，就是以社群爲導向的參與式研究（community-based participatory research），簡稱ＣＢＰＲ。其構想是讓被研究的群體全面參與研究，從確立有用的研究問題、規畫研究方法、蒐集資料、分析資料到詮釋結果，所有面向都讓被研究的群體或其代表參與。這種做法有時不切實際，但當研究主題具有爭議或對被研究群體影響極大，這樣做特別合乎情理，其目的在確保被研究群體可以從研究所取得的知識和政策中受益，至少確保人類亞群研究能確實造福該亞群。

上述做法對於遏止人類研究人類時濫用科學很有幫助，但簡單的解法並不存在。我們仍然必須解決各種難題，因爲有時即使被研究的群體無法參與，或沒有明確的群體可供諮詢，研究人類亞群依然有其必要。

本書大部分時候都在頌揚科學思考與科學方法論是理解世界，進而做出有效決定與決策的好工具。但我們非常清楚，一個論點光是貼上「有科學證明」的標籤，並不足以成爲接受該論點的理由。我們希望讀者現在開始有足夠的警覺心，對任何宣稱「科學」的主張不會不假思索就全盤接受。下一章將介紹一個新的做法，可以對付本章所提的這些失敗模式的其中一個關鍵點，從而成爲科學黑暗面的解方。

第十四章
確認偏誤與盲分析

遇到有挑戰的工作，會讓你情緒起伏嗎？之前介紹科學樂觀心態，我們提到它能幫助我們緊抓問題不放，熬過通常必須經歷的迭代推進，取得進展。這似乎暗示有挑戰的工作往往會遭遇一些相當艱難的階段，就算最終沒有取得巨大成功也不例外。學會清晰思考，以便充分了解世界，取得成就，至少做出有效的決定，這是一項巨大的工程，自然也有其艱難之處。讀完前兩章，我們可能會開始絕望，至少對人到底能不能清晰思考產生嚴重懷疑。

面對這種沮喪，我們可能雙手一攤，宣布放棄。但就是這種時候，我們需要科學樂觀心態和它的座右銘：「絕不放棄！」本書介紹三禧思維，目的就是讓大家明白，我們思考時的失敗模式也只是一個大問題，需要我們迭代推進，方能見到進展的跡象。我們當然有證據顯示進展確實存在。本書前三部分介紹了那麼多思考方法與工具，全是巨大的觀念進展，而且只花了一百年時間。因此，現在還不到放棄的時候。我們必須開始診斷前兩章提到的問題，尋找可能的解決方法。

不論病態科學或以科學之名行壓迫之實，這些可怕事例採取的路數都一樣。這個路數是由確認偏誤鋪成的，也就是我們在第十二章結尾強調特別有害的認知缺陷。

讓我們花一點篇幅介紹確認偏誤多麼有害。第十二章提到，人在檢驗一個想法時，往往會從尋找支持想法的事實開始。這樣做似乎很合理。知名的瓦森四張牌問題（Wason four-card problem）就是絕佳的範例。假設在你面前的桌上擺著四張牌，每張牌的正面是英文字母，背面是數字：

A K 2 7

請問：如果想檢驗「只要正面是母音字母，背面就是偶數」這個說法，你需要翻哪一張或哪幾張牌？

你的答案是什麼？想一想，我們等你推算。

根據演繹邏輯，正確回答是翻 A 和 7 兩張牌：翻 A 是確認背面爲偶數，翻 7 是確認正面是否爲母音字母。但做出正確選擇的人通常不到五%，三分之一左右的人只會翻 A。翻 A 是正確的，因爲這樣做能**確認**說法是否爲眞，但大多數人都不會翻 7，這樣做能**否證**說法爲眞。這就是確認偏誤（近半數的人會選擇翻 A 和 2，但翻 2 無法檢驗說法，因爲「正面是**母音字母**，背面就是**偶數**」不代表「背面是**偶數**，正面就是**母音字母**」）[98]。

確認偏誤讓我們只會尋找支持己見的證據，不會尋找反證。但延伸而來也有所謂的「否證偏誤（disconfirmation bias）」：人非但不會主動尋找反證，要是有人提出反證，他們也會用比檢查有利證據更嚴格的標準來檢驗反證。誤解演繹邏輯只會導致「冷確認偏誤」，但對自己不喜歡的證據更嚴苛則會造成「熱確認偏誤」：這是動機性推理的一種，我們常藉此讓自己偏好的結論勝出，不讓證明我們有錯的說法出頭[99]。

講到熱確認偏誤，麥考恩總愛拿自己研究國家政策對藥物使用的影響當例子。一九七五年，義大利將持有心理活性藥物除罪化（販售除外），但一九九〇年公投再次將持有藥物有罪化。三年後，義大利民眾又利用公投將持有藥物**再**除罪化。對麥考恩來說，整個過程就像一場「自然實驗」，應該可以透露許多藥物法令如何影響藥物問題的線索。可惜的是，義大利政府當時對藥物使用不會定期考察，不過倒是有「藥物致死」的紀錄。於是麥考恩將紀錄繪成圖表，發現義大利藥物致死率自一九八〇年代中期開始穩定攀升，但讓他意外的是，一九九〇年持有藥物有罪化公投後，藥物致死率開始下降，一九九三年再除罪化後又開始上升。表面上看，答案很明顯：持有藥物有罪化能減少死亡。但麥考恩爲何那麼意外？因爲他一九九三年才發表了一份範圍全面的分析，指出持有藥物除罪化對藥物使用幾乎沒有可測得的影響，並提出了幾個理論解釋。

義大利的資料嚴重威脅到麥考恩的結論，而他也感覺到威脅，便開始更深入挖掘。他發現那個時期還有兩個歐洲國家也有紀錄藥物致死，其中西班牙也在約莫同一時間將持有藥物除罪化，但之後沒有再有罪化。儘管法規發展不同，但資料顯示這三個國家的藥物致死率在一九九一年左右都有短暫波動，否定了除罪化會提高致死率的假設。麥考恩如釋重負：他一九九三年的主張依然成立。

麥考恩的做法是好的科學舉動嗎？事後回顧，他（很難爲情地）認爲自己犯了冷確認偏誤的毛病，尋找證據支持自己的期望，而不是尋找可能的否證。不僅如此，他還犯了熱確認偏誤，因爲他直到不喜歡的結果出現，才尋找新的資料，對自己的主張做更徹底的檢驗。

你可能會想，物理量測這種比較清靜的領域，甚至更遙遠的宇宙量測，應該比較沒有形成「熱偏誤」的動機吧。畢竟宇宙的膨脹速度是每百萬秒差距（Mpc）五十或一百公里，應該不會改變我們的政治目標或金融地位才是[100]。但這個速度值之爭自一九七〇年代中期開始，已經持續了將近二十年。其中一組科學家不停發表論文，發現宇宙膨脹速度是每百萬秒差距秒速五十公里，另外一組科學家也不斷發表論文，發現宇宙膨脹速度是每百萬秒差距秒速一百公里。兩組團隊都是出色的科學家，論證都很漂亮，導出結論的資料也都很有力，但基本上，那陣子你只要看結論，就大概能猜出論文作者群是誰。這到底是怎麼回事？

第五章提到的分子物理量測近來也有類似的古怪趨勢。過去數十年，分子物理量測的技術不斷進步。奇怪的是，最新量測值和之前量測值的一致性之高，往往彷彿量測雜訊不存在似的。但這些量測同樣是由出色科學家做的，量測結果絕對不應該當成僞造，也不是病態科學。所以，這又是怎麼回事？

歸根結柢，這兩個例子可能也是疏忽確認偏誤搞的鬼。早年科學分析可能只需要做十二次測量，然後加總除以十二得出平均值。但現在的物理量測複雜許多，通常包含好幾組大量資料，必須將資料餵進電腦，撰寫很多電腦程式，才能從資料裡得出結論。接著還得花費大量時間選出值得信任的資料，並替程式除錯。對所有科學家來說，這些都是重要工作。巨大的資料庫通常包括錯誤蒐集的資料，例如量測設備沒有暖機或針對成人的研究結果和針對青少年的研究結果混在一起，而我們必須揪出和去除這些資料。事實證明，只要電腦程式複雜到一個程度，就注定會有難以發現的錯誤。有些程式錯誤不會干擾結果，但有些會干擾，必須揪出並除錯。

問題是，我們確實習慣找出不值得信任的資料，去除這些資料，找出軟體錯誤，修正這些錯誤，直到不再出現令人意外的結果爲止。換句話說，當我們見到意料之外的結果，就會去找有問題的資料或軟體錯誤，但只要結果「看起來沒錯」就不會再找，即使這些漂亮的結果是由依然有問題的資料或依然有錯誤的軟體程式所產生，我們也不會再找。後果就是最終得出的量測值或論文結果往往會存在系統偏誤，比實際更接近科學家自己預期見到的結果。這似乎可以解釋過去的物理量測值爲何如此規律，沒有出現因爲隨機雜訊而該有的波動起伏。在測量宇宙膨脹速度這個比較誇張的例子裡，每百萬秒五十和一百公里之秒速差距，很可能強烈受到各團隊對哪些資料值得信賴的選擇所影響。

不過，這類確認偏誤所造成的影響倒是沒有我們想得大。在前面提到的這些例子裡，我們都能見到科學靠著其他部分挽回了顏面，因爲量測改進使得這些特別糟糕的結果變得非常明顯，只是我們依然爲此損失了多年的研究與發現時間。要不是因爲量測改進帶來的後見之明，我們可能還繼續根據這些帶有確認偏誤的量測做決定。

本書一再強調，我們可以從科學世界獲得的經驗中學到教訓，因爲這些經驗經常揭露理性思考的失敗模式，並將教訓應用在日常生活中。而前面提到的這種情況，我們顯然都很有經驗。我們有誰不曾請教有經驗的人，但當對方的回答不是我們喜歡的答案，就立刻轉頭去問其他人，直到某個信任的人給出我們想聽的答案？而且我們之後可能就不會再問其他人，就像科學家得到自己想要的結果之後就不再糾錯除錯一樣？

不過，我們在科學世界裡找例子，其實是爲了利用科學發明的技巧與訣竅，協助我們面對這些認知差錯。物理學家一旦察覺這個新發現的問題很普遍，就開始設計方法避免犯錯，而所有人都該知道這些方法。只是科學方法論的這個部分還很新，甚至尚未普及到其他的科學領域，因此本書讀者有機會搶先一步，至少領先個幾年。

用「無知是福」來解決

確認偏誤乍看很難解決。我們不可能期望一個人無限期處理一個問題、尋找電腦程式裡的錯誤或不斷尋求別人的意見，就算找到他想見到的答案依然不停歇。其實，有一個令人意外的方法更有效，那就是「無知之地」。我們小時候都學過一個很有趣的決策策略，那就是分蛋糕。若想公平分配，就要用「你切我選」的方法。由於負責切的人不曉得自己會分到哪塊蛋糕，因此一定會切得非常公平，也就是我們用無知來得到正確結果。

同樣的想法也適用於解決確認偏誤問題。假設你是科學家，希望揪除壞資料，替電腦程式除錯，但不曉得揪出的壞資料或程式錯誤是否「解決了」自己見到的意外結果。事實上，假設你故意不讓自己知道，直到明確決定結束分析，發表結果——不論結果是否符合你的預期，也不論你喜不喜歡——才知道揪除壞資料和除錯的最終效果。

現在，當你做出決定，例如要去掉哪些資料或不再替程式除錯，你顯然不知道自己會分到哪「半塊」蛋糕，會開心或失望。這份無知會迫使你對進行分析時做過的所有小決定誠實以對，因此絕不會受你想見到的結果影響，產生確認偏誤。物理學家將這種科學創新稱爲「盲分析」，類似醫學裡的「雙盲」實驗，醫師和患者都不曉得誰服用藥物，誰服用安慰劑[101]。

爲什麼不是所有科學家聽到之後，都立刻開始使用這個程序？盲分析需要時間適應，因爲大多數科學家已經習慣根據結果的某些性質來推斷資料或電腦程式有沒有問題。我們需要發明新的方法來尋找這類問題，又不會透露關鍵結果，這除了需要重新訓練，有時還需要創意。比方說，有一項科學研究的關鍵結果取決於大筆量測的平均值。如果要使用盲分析隱藏平均值，一個簡單的做法是拜託朋友在分析開始前替每個資料點加上一個數字，而且數字只有那位朋友知道。等你決定分析完成，朋友才告訴你數字多少，讓你減去那個數字得出平均值。這樣你就能替實驗除錯，因為（譬如）你會嚴加檢查偏離實際平均值很遠的資料點，甚至判定它為壞資料（也許那天偵測器故障了？），而不會過早透露關鍵的最終答案。

宇宙膨脹速度之爭幾年後，珀爾馬特的研究團隊就曾使用類似的盲分析方法。他們研究的是下一個問題：宇宙膨脹速度長年下來**變了**多少？珀爾馬特的團隊得知當時還很新穎的這種盲分析方法，基於之前其他天文研究團隊的量測值之爭，便覺得似乎值得一試，後來更成為他們進行許多天文量測的標準程序。起初這樣做感覺要費許多額外工夫，但當珀爾馬特的團隊重新分析其他團隊之前的量測值，清楚發現其他團隊一旦得出預期結果就不再除錯，他們就更明白為何必須這樣做了。更糟的是，他們分析自己之前的部分資料，發現也有類似的問題！就算他覺得自己（和其他人）的團隊非常小心，還是會被這種確認偏誤悄悄滲透。一旦發現這種確認偏誤有多隱蔽，你就再也難以相信**沒有**使用類似盲分析的方法避開這種偏誤的研究結果了。

眞是沒想到！

一旦全研究團隊都像玩遊戲一樣，使用這種刻意不讓自己知道某些訊息的方法，就會發生許多精采故事。比方說，尋找重力波的跨國研究團隊經過了四十年的迭代推進，終於準備啓用新儀器，希望這台高感度儀器可以偵測到這個小到幾乎難以想像的訊號。然而，雷射干涉儀重力波天文台團隊深怕他們會錯過（預計極少會出現的）眞訊號，或將雜訊誤認爲重力波（由於雜訊看來幾乎和眞訊號一樣，而且出現頻率遠高於眞訊號，因此會不斷導致儀器大喊「狼來了」）。於是，這支龐大團隊決定和自己玩一個遊戲。他們成立一個小組，專門在團隊的系統裡偶爾插入一個看來很像重力波的訊號，有時強、有時弱，以測試其他成員會不會將這些偶一出現的訊號當眞。而且這個小組會等到其他成員完成分析、寫完論文，並決定發表（假設訊號爲眞）之後，才會揭露訊號是否爲眞。

珀爾馬特得知這件事時，這支龐大團隊已經花了幾個月時間進行分析和撰寫論文，但最後小組公布團隊所檢視的訊號是假的。幾年後，團隊偵測到一個他們認爲顯然是假的訊號，因爲訊號很強，遠超過偵測儀器所需的強度，但成員們怎麼也沒想到，訊號竟然是眞的，那是人類有史以來第一次偵測到重力波！

再舉一個盲分析的例子。假設你想比較某個生物療法不同劑量的療效高低，每次劑量往上加一點。你可以請朋友隨意打亂試管的順序，等你完成分析再透露答案。你應該覺得這個例子很耳熟，因爲基本上這就是神奇蘭迪盲測記憶水的方法。當然，要是研究冷核融合的科學家也知道這套「認知清潔術」就好了。

務必在家嘗試

就算盲分析只適用於科學實驗，那也已經很重要了，更何況這個方法日常也很好用。舉個特別簡單的例子：假設你想知道到底哪一支葡萄酒最合你的口味，不管價錢或牌子，你就可以盲品——當然，葡萄酒專家就是這樣做的。

講到日常生活運用盲分析，我們最喜歡的是心理學家安妮·杜克在她的《高勝算決策：如何在面對決定時，降低失誤，每次出手成功率都比對手高？》書裡提到的例子。杜克除了是心理學家，還曾經是職業撲克玩家。她告訴我們，職業撲克玩家和同行討論牌打得好或壞時，通常都不會提最後是贏是輸。「透露最後的輸贏只會讓人變成結果論者，將過程描述成符合結果的模樣……只要知道最後的輸贏，就會造成偏誤，讓人扭曲對決策品質的評估，以和結果的品質相一致。」

杜克坦白表示，每當她和非職業玩家討論牌打得好不好，卻不提到最後的輸贏，對方總是很不高興，問她到底是輸是贏，她都會回答「那不重要」。玩撲克就和日常生活一樣，輸贏不僅受出牌策略影響，還受到我們無法控制的偶然因素左右。好的撲克玩家都知道，聰明的出牌策略只能提高長期勝率，不保證每次都能獲勝。

愈來愈多正直的雇主徵人會使用「遮盲」，以減少對代表性不足群體的歧視，其中最有名的就是管弦樂團徵選新成員會用屏幕遮去申請者的外貌。這個做法大大增加了女性音樂家的獲選率。愈來愈多公司（尤其在歐洲）挑選面試人選時，也會去掉求職者簡歷裡關於年齡、性別等特徵的人口統計資訊[102]。

然而，遮盲並非萬能，有時也會帶來意外的後果。譬如美國不少地區採用「禁止詢問前科」政策，禁止雇主在個人資料表裡加上「犯罪紀錄」勾選欄，但有不少研究顯示，此舉可能造成雇主以少數族裔身分充當（遮盲的）前科指標，反而**助長**歧視[103]。

p值操弄你的政治主張

你可能還記得，第七章曾經談到也找找效應，只要檢視和分析資料的方法夠多，就一定能找到看似肯定的結果，支持你想證明的假設。然而，會有這樣的結果其實是雜訊隨機出現造成的，而發明盲分析正是為了克服這個危險。人很擅長事後找理由，支持恰好支持自身假設的分析，就算其他分析不支持假設也不管。反覆嘗試各種分析方法，直到得出想要的結果，這就叫做「p值操弄」。這個名詞是西蒙遜（Uri Simonsohn）、西蒙斯（Joseph Simmons）和尼爾森（Leif Nelson）三位心理學家發明的。

想體驗也找找效應或分析時如果不遮盲很容易得出你要的結果，不妨到這個網站去玩p值操弄遊戲：projects.fivethirtyeight.com/p-hacking。這個遊戲會問一個沒有共識的重要問題：在美國，民主黨還是共和黨比較會拚經濟？遊戲的機關在於讓你自行設定自變項（誰執政）和應變項（經濟表現如何）。誰是總統比較重要，還是誰當州長？經濟表現應該看GDP、就業率、通膨、股價，還是四者都要看？只要設定「對了」，你就會得到統計顯著的結果，證明你偏好的政黨（不論是民主黨或共和黨）絕對比較會拚經濟。

一旦得到這個支持你偏好的政黨比較會拚經濟的分析，你就一定能找出事後的理由，支持自己所做的設定，而且可能發現自己比之前更相信，你偏愛的政黨**眞的**比較會拚經濟。想避免這種偏誤只能靠盲分析。譬如你可以事先遮盲，不讓自己知道哪個黨在哪邊，直到你確定變項都設定好了；而且一旦解盲，不論結果如何都必須接受，就算不是你想要的也是如此。有時確實會遇到這種情況，畢竟現實只有偶爾才會符合我們的期望。

遮盲專家

除了科學研究，盲分析最重要的應用場合就是評估專家意見，尤其是偵查刑事案件時求助鑑識專家。懸疑故事最愛用的橋段，包括被當成鐵證的指紋，其實都會受確認偏誤影響。即使到最近，指紋專家長年慣用的方法依然缺乏遮盲，以致他們經常偏向某些鑑識結果。隨著現代科學的做法進入視野，不少新研究都對指紋專家的校正提出了質疑，進而讓頂尖科學機構建議，這類法律證據需要重新進行校正[104]（令人吃驚的是，不只一位指紋專家在見到包括他們之前鑑識過的指紋證據在內的盲測結果後，改變了他們的結論[105]）。如今，這種遮盲校正程序已經開始成爲鑑識故事的一部分了。

有鑑於此，我們應該都希望自己諮詢的專家盡量給出經過盲分析的意見。這通常代表慣有做法必須稍做調整，例如醫師基本上要先看過之前醫師給出的結論後才給出第二意見[106]。但如果你是病人，醫師不知道先前的結論或許對你比較有利。同樣的道理，在我們看來，經過盲分析給出的專家意見也對法官和陪審團有益，即使有些控方或辯方比較喜歡現有的不遮盲做法。

開放科學

結果遮盲分析（Outcome-blind analysis）只是降低確認偏誤的其中一種方法。其他方法愈來愈常有人提起，並和「開放科學運動」這股大趨勢一起討論[107]。我們三位作者都對這項運動感到興奮，因爲它是三禧思維的要素之一。雖然開放科學運動認可的許多方法都比運動本身還早出現，但發起運動的優點在於將這些方法統合在一起，形成一套綜合策略，好讓科學實踐變得更可靠、更信實。

其中一個開放科學方法叫做預先註冊，目前已經是愈來愈多頂級學術期刊的基本要求。投稿者在研究之前，必須先將研究方法論、待測假設和用來檢驗假設的資料分析計畫公開存檔。有學者主張，只要做了預先註冊就不需要結果遮盲分析，反之亦然，但這兩種方法其實相輔相成，應該一起使用。預先註冊會讓研究者不得不在蒐集資料之前仔細考慮研究方法與分析策略，盲分析則會促使研究者檢驗之前沒有想過的新想法，或在分析資料時處理之前沒預料到的新問題，同時不必擔心研究會被個人期望影響。

開放科學支持者還倡導許多做法，此處只會提到其中一些。首先是更常進行多實驗室研究，也就是多個實驗室各自檢驗同一個假設。這種做法主要用在複製科學文獻裡有爭議的發現，但也能用來檢驗重要的新問題。另一個稍有不同的做法是「多分析者」，讓不同團隊分析同一組資料集，檢驗同一個假設（這兩種做法都是對不同實驗室和不同分析者的確認偏誤進行三角推算，前提是假定並非所有實驗室和分析人員都朝同方向偏誤）。還有一個新興的做法，就是科學期刊接受論文**註冊報告**。研究者向期刊申請投稿，只要理論依據與方法論通過同儕審核，期刊就會在研究進行前允諾刊登。這種做法除了可以避免期刊陷入確認偏誤，較少刊登研究結果遠不符預期的論文，還能去除期刊的天生偏誤，只刊登支持有趣假設的論文，忽略反駁有趣假設的研究。當兩個以上的研究者對某一假設出現嚴重分歧，就能形成**對立合作**（adversarial collaboration），由雙方共同設計和執行彼此都認爲能公平檢驗兩方看法的實驗，並發布結果。雙方都有權在論文結尾陳述己方結論，但必須事前承諾，不能因爲結果不合期望而攻擊研究[108]。

開放科學支持者還大力遊說期刊，希望期刊將上述做法全部或部分列爲刊登要求，或使用圖示或「開放科學徽章」獎勵採用這些做法的論文作者，表揚他們所採用的每項做法[109]。他們還提倡許多方法，鼓勵科學家更願意坦承之前的研究有誤或有瑕疵（本書第五章提到的「失去信心」計畫就是很好的例子）[110]。重點是，研究者目前正使用科學工具檢視這些提議，也有人開始對這些方法的成本與效益進行實證評估。希望開放科學工具未來能持續增加，而且愈來愈完善。

該怎麼做？

認識盲分析之後，未來你選擇專家或尋求專家意見時，都應該留意對方是否使用盲分析或上述其他降低確認偏誤的方法。知道人如何欺騙自己的專家才值得信賴。我們希望找到的是會適當使用遮盲、預先註冊或其他防止確認偏誤的方法得出結果（或支持他人結果）的專家。落到個人層面，假設你在研究某個問題之前就覺得已經知道答案，那你在決定某個結果（是與否）、數值或選擇時，就該格外小心，例如判斷該不該服用史達汀類藥物降低「壞膽固醇」、要不要花錢買廣告提振業績，或是替即將上大學的子女選擇未來能謀生的科系。

面對這些問題，爲了找到最能反映實在的答案，你顯然需要決定參考哪些資料及如何使用資料，例如哪個網站的資料值得信任，哪個網站可以忽略（你可能會想，「就用WebMD的資料好了，不用看Mayo Clinic，因爲WebMD的資料比較好懂，而且就我想看的健康結果來說，看起來比較沒那麼可怕」）。你必須判斷哪些資料和你的狀況夠接近，值得參考（若不喜歡最先找到的結果，你可能會建議自己：「只看我這個年紀和身體狀況跟我相近的人的醫療資料就好」）。但你如果還見到了選擇這些資料對最終答案的影響，就不應該讓自己做出任何決定，因爲你會下意識選擇符合自己心中答案的資訊。爲了在不知道結果的情況下評估醫療網站所使用的方法論的品質，你可能需要請朋友將每個網站的資料剪貼到不同檔案裡，去掉網站名字並隱去結論。

從今以後，只要遇到這種情況，當你對事實的選擇可能受最後的決定影響，記得立刻停下一切動作，大聲向身旁所有人宣布（尤其和你研究同一個問題的人）：「我們現在必須停止手邊的研究（或停止思考這個問題或暫時別做決定），因爲我們開始在做會導致結果偏誤的事了。我們在選好所有資料、檢查過所有決策計畫之前，千萬**不能**看結果！」

這不會是我們最後一次需要發明新的技巧來避免欺騙自己，也不會是我們最後一次對自己無法保持清晰思考感到失望，因爲只要我們想出新技術，改變我們和這個世界、和彼此、和我們對實在的集體研究的互動方式，就會想出新方法來欺騙自己。下一回，我們的問題將不再只是電腦改變了遊戲規則，讓我們擁有更複雜的分析和更多程式出錯的可能，而是（比方說）我們所有人的大腦都被植入晶片，所有想法的答案都會投射在眼鏡上，看起來栩栩如生（想到這個畫面就可怕！），到時我們就又得發明新技術來防止我們欺騙自己。

科學樂觀心態者（三禧思維）的生活，絕對是眞正需要創造力的生活。

第五部

齊心協力

第十五章
群體的智慧與瘋狂

截至目前，我們談的都是**個人**思考時的理性。但很顯然，絕大多數重要問題都是由群體齊力解決的，從夫妻調整家庭預算、左鄰右舍制定防震計畫、同事合作複雜的專案、美國太空總署工程師讓探測器順利降落火星，到市議會、州議會、國會和聯合國的所有事務都是如此。

然而，群體思考只是個人思考的總和嗎？群體眞的勝過（還是會輸給）個體的總和？自古以來，觀察家對此抱持兩種截然不同的觀點，一個樂觀、一個悲觀。問題是這兩種觀點的說服力都不是百分之百。悲觀派的看法來自現實中表現極差的群體的事後描述，樂觀派的看法則來自二十世紀初以來群體看似出色的表現……直到你發現群體內部根本沒有眞的在討論事情。

因此，接下來我們會先說明這兩種觀點，然後介紹科學家對小群體的表現進行更有系統的實驗研究得到了什麼發現。這些研究操控群體和任務的性質，藉此觀察群體如何做出最後決定，結果發現悲觀派和樂觀派的觀點各有正確之處：群體決策確實可能比個人決策更好或更差。幸運的是，我們已經找出一些讓群體決策成功或失敗的因素。一旦了解群體什麼時候會走向極端，我們就可以開始設計解方，知道群體如何與何時最有效能。本章結尾和接下來兩章將探討這個議題。

暴民行爲和群體思考

在群體思考的悲觀論裡，查爾斯．麥凱一八四一年出版的《異常流行幻象與群眾瘋狂》是早期大作。麥凱在書中率先提出了「從眾心理」的概念，並提供許多群體妄想和集體歇斯底里的案例研究，包括著名的荷蘭鬱金香狂熱：當時民眾深信鬱金香極具投資價值，甚至賣掉房子只爲了搶購一顆鬱金香球根（對於類似現象，古斯塔夫．勒龐在一八九五年的《烏合之眾：大眾心理研究》書裡有更理論的說明）。

麥凱舉的例子雖然大多屬於集體行動，卻不涉及專責集體決策的團體（如委員會），許多例子裡的眾人甚至互不相識。這些例子通常歸類爲「暴民行爲」。學者做過不少實證研究，檢視美國黑人遭受私刑暴民威脅的歷史資料，得出的結果令人毛骨悚然到極點。統計分析顯示，暴民人數愈多，私刑（通常爲絞刑）殺害黑人的機率愈高，尤其當事發時間爲黃昏或黃昏之後。

人數和天色都會影響匿名性。群眾愈多，個人身分就愈不突出；光線愈暗，其他人認出你的機會就愈小。當個人身分感減弱、匿名感增加，就會出現責任分散，沒有人感覺自己是行動主體。心理學家稱之爲**去個性化**。還有一個現象會導致暴民行爲，那就是**情緒感染**。當你對某事表達哀傷，我也會開始有同感，而你察覺我的悲傷之後，又會加強你的悲傷，如此惡性循環[111]。

許多去個性化和情緒感染的例子都讓人覺得極端與罕見，但日常生活其實常會見到不那麼極端的例子。只要去過學校董事會或市議會，看過與會者討論爭議問題，可能就會見識到這類場景。

對於群體容易導致不理性，另一個同樣悲觀的論點來自賈尼斯（Irving Janis）一九七二年的作品《團體迷思的被害者（*Victims of Groupthink: A Psychological Study of Foreign-Policy Decisions and Fiascoes*）》。但賈尼斯的研究對象不是無組織的「暴民」，而是菁英決策，尤其是知名的豬玀灣事件期間，美國甘迺迪政府企圖發動政變推翻古巴卡斯楚政權失敗，以及後來的古巴飛彈危機。書出版後，賈尼斯受到了同行心理學家和歷史學家的嚴厲批評。前者主張賈尼斯引用的例子並非隨機取樣，缺乏對照實驗的嚴謹性，後者則質疑他對歷史事件描述的正確性。但這本書留下了長遠影響，而且實至名歸，因爲賈尼斯很擅長辨別（和命名）團體病狀，而且有大量證據顯示現實中的團體確實會出現他所描述的現象。

雖然「團體迷思」是懷特（William Whyte）一九五二年發明的術語，但賈尼斯在一九七一年出版的《今日心理學》裡給出了自己的定義：

> 當尋求共識在一個有凝聚力的團體裡凌駕一切，超越對其他做法的現實評估，這群人所採取的思維模式就可簡稱爲團體迷思。這個名詞和歐威爾在《一九八四》那個令人沮喪的世界裡所創造的「新語*」可以等量齊觀。

賈尼斯列舉了團體迷思的八大症狀：對團體無敵抱有幻覺；相信團體不會做壞事；集體合理化；對外團體**有刻板印象；自我審查；對團體一致性抱有幻覺；對異議者直接施壓；以「心靈守護者」自居（不讓領導者看到不同意見或資訊）。他還提出導致這些症狀的兩大危險因素——首先是在可能引發強烈反應的情境，也就是危險逼近，卻又沒有明顯方法可以避開的情況，這個因素通常不受團體控制。其次是不健康的組織文化，特徵爲團體孤立、缺乏公正領導、成員背景與意識形態缺乏異質性。

對於團體迷思，賈尼斯給了幾個可能的解法。他認爲領導者必須避免發表意見，甚至還要避免參加某些會議，好讓成員可以暢所欲言；團體應該鼓勵成員唱反調，批評團體提出的解決方案，替其他解決方案的好處辯護；應該分組，各組獨立商議問題[112]。雖然團體迷思最初不是源自對科學團隊的觀察，也不是針對科學團隊，是出於對政策菁英的研究，而非源自對普通人的觀察，但它似乎同樣會出現在科學團隊、家長會和大學教授會議——其實所有需要眾人合作解決問題的情境都可能發生。

群體智慧

好了，悲觀派的論點就說到這裡。樂觀派的論點是「群體智慧」。一九〇七

---

*編註：newspeak，在反烏托邦小說《1984》中，這種語言的主要目的是藉由簡化和控制語言來限制人們的思考和表達，以維持政府的權力和控制。

**編註：out-group，意指一個人或群體所不屬於的其他群體，爲社會心理學用語。

年，高爾頓爵士（Francis Galton）在《自然》發表了一篇文章，描述他的驚人發現。高爾頓找了非常多人，請他們猜測各種數量，例如某個物體的高度或重量等等，結果發現，雖然大多數人猜的數字相差很大，平均之後卻相當接近正確值。例如有一年在課堂上，我們要所有同學猜測現存最重的鴕鳥體重多少，結果答案從十五磅到兩英噸都有！不過，所有答案的平均值是三百二十六磅，非常接近正確值三百四十五磅。儘管我們知道（稍後也會告訴你）背後的道理，還是覺得很神奇，感覺就像有看不見的集體心靈在運作似的。

佩吉（Benjamin Page）和夏皮羅（Robert Shapiro）一九九二年出版了《理性大眾（*The Rational Public*）》，書中列舉了許多群體智慧的生活實例。索羅維基（James Surowiecki）二〇〇四年出版的暢銷書《群眾的智慧：如何讓整個世界成為你的智囊團》也有豐富案例。兩部作品都帶著歡欣喜悅的口吻，陶醉於這樣一個想法：即使我們人人都所知有限，但只要將無知匯集起來，就算沒有人改變己見，所有人還是可以變聰明。

我們並不想潑冷水，但這件事一點也不神奇，不僅和集體心靈沒關係，甚至和我們的能力無關。誠如這兩本書的作者所言，群體智慧不過就是統計學基本概念「大數法則」的自然結果而已。還記得之前提到雜訊（隨機或統計誤差）和偏誤

（系統誤差）之別嗎？每當我們進行量測或猜測某個數值，就會包含隨機誤差，而大數法則簡單來說，就是只要將大量估計值加以彙總（例如求平均值），所有隨機誤差就會相互抵銷。回到讓學生猜鴕鳥體重的問題。大部分學生都對鴕鳥不熟，但只要做一點我們在第十一章介紹的費米推估，就能推斷鴕鳥體重應該大於多數人類（也就是高於兩百磅），但明顯輕於汽車（也就是遠低於一千磅）。此外，由於隨機誤差不是太高就是太低，我們還可以推斷只要彙總所有人的答案，誤差就會開始相互抵銷，例如我猜的答案高出五十磅，你猜的答案低了三十磅，我們兩人合計就只偏差了二十磅。

一旦明白這個道理，我們就會發現這件事和群體思考或群體智慧毫無關係。我們甚至可以證明，讓團體成員一起討論反而會有反效果。例如我們曾經讓學生猜測（柏克萊和奧克蘭所在的）阿拉米達郡二〇一二年總統大選投給羅姆尼的選民比例。學生的估計值平均為一九．八％，相當接近正確答案一八．四％。但在公布答案之前，我們先請學生兩兩討論自己的估計值，發揮集體智慧，結果得出的新平均值為二四．二％，換句話說，他們猜得更偏了。這也揭露了小團體表現好壞一個令人難堪的小祕密，那就是只要開始討論，匯集意見的許多好處就可能消失！當然，我們還是鼓勵彼此討論，只是必須小心設計討論的架構。

小團體實驗讓我們知道團體何時成功、何時失敗

我們認爲，不論「群眾瘋狂」「團體迷思」或「群體智慧」，用來描述團體決策的基本表現都不完全可靠。因此，讓我們來看看小團體實驗，看科學家如何匯集一群普通人，在不同的對照條件下，隨機分派這些人執行任務、解決問題或進行決策。我們基本上會跳過實驗細節，只談重要發現。

團體裡有兩種影響力，分清楚兩者有助於說明實驗發現。首先是**資訊影響力**（informational influence）或「論證優勢」，也就是匯集眾人知識，進而導出解決方法的能力；其次是**規範影響力**（normative influence）或「人數優勢」，也就是服從團體裡的最大派系或最多數人的傾向。這兩種影響力有時很難分開，因爲多數支持的立場往往也是證據或論證優勢最強的主張。但在實驗裡，我們就能藉由改變團體內的派系大小（但維持證據優勢不變）或改變論證優勢（但維持派系大小不變），將兩者區分開來[113]。

有些時候，「人數優勢」（例如「簡單多數決」）似乎比較合適，因爲團體經常得在邏輯或證據都無法給出「正確」答案時做決定，例如吉米·罕醉克斯和安德烈·塞戈維亞誰更會彈吉他？這的確是品味問題。可能有人會說：「塞戈維亞比較

厲害，因爲他技巧很完美，練習曲需要的指法，罕醉克斯根本比不上。」另一個人可能會說：「罕醉克斯比較厲害，因爲他情感表達和單手（好吧，雙手）彈奏的誇張表演，打破了流行音樂的界限。」因此，當話題主要涉及品味或個人意見，團體往往採取多數決，例如活動要找哪個樂團、新公司要用哪個商標圖案或選舉支持哪個候選人。重要問題可能需要絕對多數（例如三分之二），但大部分問題只需要簡單多數就行了。當意見無法統一，多數決就能讓討論告一段落。

不過，多數決也有很大的缺點。派系可能藉由恫嚇或霸凌來爭取追隨者，少數派可能感到憤怒或被排斥。倘若派系和個人特質有關，如性別或種族，那團體內某些成員可能會覺得自己永遠是「輸家」。

此外，許多問題確實有答案，而且只要找到，就會發現它「明顯可證爲正確」。一旦說明清楚，團體裡絕大多數成員都會發現有道理，這就是「論證優勢」。當然，這得有人提出最佳答案才行。但光是提出最佳答案還不夠。團體成員需要共同擁有一套辨別論證強弱的概念系統。我們稍後會再討論這一點。

就算不看團體討論事情，通常只要知道團體成員開始討論時的立場（即派系）之分，就能推斷出團體內規範影響力和資訊影響力的比重[114]。因此，社會心理學家發現，團體對品味或意見的決定爲何，通常討論前就可以從最大派系的立場來預測，就算團體沒有明確表示他們會根據多數人的看法來決定也一樣。

我們如何看出論證優勢占上風？極端地說，就算最佳答案或最佳論證在討論之初只有一人支持，採取「論證優勢」的團體最終也會採取那個立場。社會心理學家稱呼這樣的做法為眞理勝出制。

如同先前所提，要做到這一點，團體內必須共同認可一套概念系統，能判定哪些立場明顯可證爲正確，至少明顯優於其他立場。什麼叫「明顯可證爲正確」？這代表團體成員共同擁有一套評估可能答案的方式，一套共有的概念系統，可以用來驗證可能答案是否正確。

算術就是這種共有概念系統的例子。當有人問「十二乘三百二十一等於多少？」，大多數人可能腦袋裡都沒概念。但只要有人大喊「三千八百五十二！」，所有會乘法的人都可以檢查這個答案是否正確。

邏輯是另一個例子。假設傑克看著安妮，安妮看著喬治，而傑克已婚，喬治未婚。請問有已婚者看著未婚者嗎？有？沒有？還是無法確定？團體裡大部分人通常很快就會選出一個答案，但只要說明以後，所有人很容易都能判斷哪個答案才是對的（至於答案爲何，我們就讓你或你最愛的團體來判斷了）。

常識也可以當作共有概念系統。比方說，你和一群人去散步，結果迷路了。所有人都同意該往北走，但對哪裡是北邊看法不同。這時只要有人指著附近的山，而所有人都知道山在東邊，問題就解決了。

我們都希望科學是由眞理勝出制主導。好的科學理論可以用作共有概念系統，只要理論的內在邏輯夠強，又有外部證據支持，便足堪大任。因此，科學眞的是「眞理勝出」嗎？我們認爲答案是「終究會」，但過程可能很漫長，而且就算某個理論是錯的，有一段時間仍然被多數科學家接受，這種情況顯然也會出現（可以說大多數科學家始終有地方是錯的，只是比前人少錯一點）。納粹時期曾經出現一本名爲《反對愛因斯坦的一百個人》的書，愛因斯坦得知後嘲諷道：「何必勞駕一百個人？假如我有錯，一個人就夠了。」愛因斯坦顯然認爲，只要每個人「想清楚」，眞理必然會勝出。愛因斯坦當然不是在講基本算術，而是用物理計算光的特性。唯有解決這個問題的人共有一套概念系統（在這個例子裡就是經過實證的物理概念與相關數學搭建成的科學之筏），才能證明某個計算是對是錯。要是我們三位作者遇到物理問題，坎貝爾和麥考恩可能會直接把問題交給珀爾馬特，他們去喝咖啡[115]。許多小團體實驗都是讓受試者做記憶測驗、解數學題或邏輯問題。由於這些問題比較容易說服別人某個答案是對的，因此團體通常表現得比一般成員好，但其過程往往更像是「靠眞理勝出」，而非「眞理勝出」，因爲通常需要至少兩、三名成員都支持某個答案，其餘成員才會放下己見，開始認眞思考，而後才會看出那個答案是對的。因此，團體不一定總能表現得比團體內**最強**的成員好，而且要是團體沒有邏輯、算術或科學推理之類的共有概念系統，協助所有成員看出爲何某個答案更可能是正確的，團體表現就會變糟許多。

還有一種情況，「人數優勢」往往會導致不幸的結果。我們之前提到，個人下判斷時會受許多系統偏誤干擾（如可得性捷思和後見之明偏誤等等）。事實證明，團體可能放大這些偏誤，也可能校正這些偏誤[116]。當團體主要靠「人數優勢」運作（多數決），其實可能會**放大**成員共有的判斷偏誤，導致結果更糟。值得注意的是，就算團體沒有賈尼斯認爲的團體迷思症狀（例如缺乏中立領導、聽不到外部意見等等），這點依然成立。當你找一群互不相識的人共同執行一項任務，而且這項任務會引發後見之明偏誤或可得性捷思，那麼只要他們是靠「人數優勢」下判斷，個人偏誤就會放大。

團體可以校正偏誤嗎？還好，答案是「可以」，只要滿足以下兩個條件之一。

首先是偏誤會因成員而異。之前提到，隨機誤差只要加總就會相互抵銷。雖然偏誤按定義並不是隨機的，但關鍵是每位成員是否具有相同的偏誤，還是彼此的偏誤各不相同（例如政治意識形態）。只要偏誤不同，就能互相抵銷。這就是成員多元化可以提升團體表現的原因[117]。

請注意，我們說成員多元化「可以」提升團體表現，而不是「會」提升團體表現，因爲這還得看多元化的類別是否有助於團體找到解決任務的新想法。要讓多元化發揮效用，團體必須具備尊重和參與的文化，鼓勵少數人發聲，並認眞對待。當然，除了提升團體表現，多元化還有其他好處，例如公平、正當性、創新與趣味。

讓團體克服共有偏誤、避免扭曲判斷的另一個條件是採用「眞理勝出」制。就拿第十二章提過的定錨捷思來說吧：假設有一群人想推算翻修一棟大樓需要多少錢，他們開頭的估計很容易被明確的錨點帶偏，例如主席建議從十萬美元開始估計。但只要有人說「慢點，十萬美元太離譜了」，並舉證說明翻修費用隨隨便便就會遠超過這個數字，而且其他成員也覺得計算合理，原本錨點的效力就會減弱。

如何讓團體發揮最大效力？

我們已經看到，對於團體決策能否修正個人常會犯下的偏誤或不理性，我們既有充足理由樂觀，也有充分理由悲觀。幸好，團體能否做出比個人更好的決定並非取決於運氣。我們可以歸納出幾個最能有效提升團體決策品質的條件，並努力在所在的團體裡打造這些條件：

- 團體領導者若想得到好的解決方案，就要避免過早表達個人偏好。團體成員充分討論證據之後再投票表決，也可以避免團體過早選定答案。
- 團體必須建立尊重辯論的文化，成員會互相傾聽，不用擔心遭到多數成員欺凌而自我審查個人意見。指派某些成員刻意唱反調，讓考慮非多數意見成爲常態，也可以促進尊重辯論的文化。
- 團體成員背景、偏誤或品味接近，討論事情可能比較輕鬆。但同質性太高對有效決策相當不利。儘管可能更費工夫，但多元團體更有機會減少隨機雜訊、克服初始偏誤、找到更有效的解決方案。多元團體還有另一個好處，就是增加團體在更大群體眼中的正當性。
- 團體可以減少個人判斷偏誤和捷思偏誤的影響，但唯有成員共有一套可以幫他們聽出好答案的概念工具，才最可能減少這些偏誤的影響。我們認爲本書提供的概念與技巧正是這樣的概念工具，並可幫助成員加以優化。

讓我們多談談最後一點：關鍵在於發明工具，讓團體更有能力辨別好的解決方案。什麼叫好的解決方案？首先，我們都希望團體做出的決定在現實世界確實有效，因此團體盡可能正確掌握世界真貌自然很重要。團體的決策流程必須緊追我們在第二章所提到的「共享實在」。如果團體成員都懂得本書談到的概念，例如機率思考、因果推論，甚至「階次理解」和費米推估，那要正確理解世界眞貌當然會比較容易，因爲這些概念和工具是更大的檢驗系統的一部分，其中的假設都得到可觀察、可驗證和可重複的證據所支持。

然而，團體決策還有另一個面向比個人決策更複雜，因爲決策通常不是只靠正確掌握世界眞貌來確定，而是大幅取決於我們的價值觀，以及驅動我們做出決定的情緒，不論恐懼或欲望、野心或目的。事實上，價值觀和情緒是強大的決定驅動力，一旦團體缺乏很有原則的計畫引導團隊進行決策，價值觀和情緒就會左右團體的決定，而不是完全依據本書所提可以幫助我們正確掌握實在的理性程序做選擇。因此，下一章將討論團體決策的幾種原則方法，能在顧及驅動個人的宗教、道德、哲學、政治、情感、關係價值觀的情況下，努力保持我們理性思考與理性行動的能力。再下一章則會介紹一些應該有助於團體更有效決策的新工具。

第十六章 縫合事實與價值

假設你是歐洲某座大城市的市長，專家建議你嘗試新措施，允許海洛因成癮者從醫療單位免費取得海洛因，以降低犯罪和藥物過量的問題。你應該同意試辦嗎？如果新措施確實能達成這兩樣效果，你會准許實施嗎？事實和價值觀對你做決定有什麼影響？要是事實指向某一邊（例如犯罪和藥物過量減少了）、價值觀指向另一邊（提供海洛因給成癮者感覺是錯誤的行爲）怎麼辦？要是價值相衝突又會如何？

面對重要決定，通常必須確認相關事實，但光是這樣還不夠，因爲事實不會告訴我們一旦掌握事實之後怎麼做。就算事實確鑿到人人認同，我們仍然必須考量價值觀與感受，才能決定該怎麼做。本書一再提到，我們對事實已經擁有有效的論辯方法，但對於價值衝突，我們有可能進行有建設性的辯論嗎？當價值觀出現激烈衝突，還是能針對該如何行動達成共識嗎？

事實與價值

讓我們從區分「事實（描述性）命題」和「規範（評價性）命題」開始。比方說，事實命題包括：

地球年齡爲四十五億四千三百萬年

紐約中央車站位於四十三街

流感是病毒引起的

規範命題則包括：

我不該接這個職位

你不應該答應要做，結果又不做

政府應該把馬路上的坑洞補平

有個感覺相當合理的做法，就是將決策過程分成兩階段，首先決定對你來說哪些價值和目標最重要，其次是確認客觀事實，不同方案對這些價值和目標有何影

【圖表16-1】

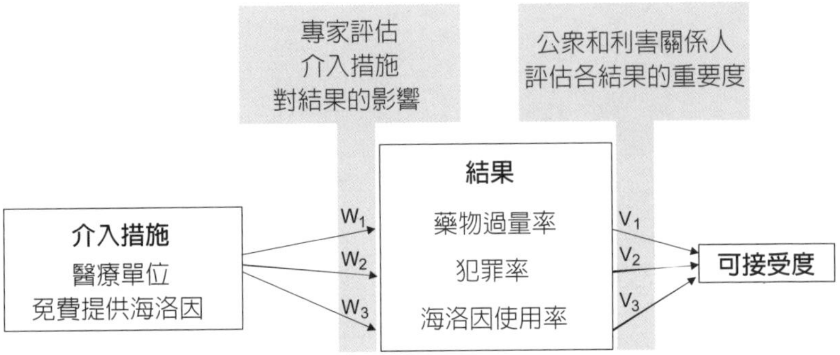

響。因此，你可以進行研究，（一）找出哪些社會價值與決定成員想要的結果有關，再由（二）專家評估某個方案對這些結果的影響。以藥物政策爲例，你可以列出自己覺得成員會重視的因素，然後跟社群團體、壓力團體和大眾核對，確認哪些是重要項目。針對醫療單位提供海洛因這個方案，我們挑了三項結果（對藥物過量率、犯罪率和成癮人數的影響）作爲考量項目，但可能還有其他許多結果（方案成本、節省急診資源與執法成本等等）值得考量，甚至納入一些不是那麼首要的結果，例如藥物政策對旅遊業的影響，只是權重較低。

於是，成員的決策過程可能如【圖表16-1】所示。

對於任何政策改變（例如這裡談到的醫

療單位提供海洛因），我們或許都能按照這種方式進行可接受度分析。我們可以請專家判斷某項政策對各個結果（像是藥物過量率、犯罪率等等，也就是圖表中央方格裡的因素）的影響，而這些結果是決定政策可接受度的關鍵。例如讓專家研究醫療單位提供海洛因對犯罪率的影響，給出一個影響值W。影響愈大，W值愈高。

此外，我們可以請公眾和利害關係人給每個結果一個V值，代表他們賦予各個結果多少價值。某個結果對「可接受度」的影響愈大，V值愈高。如此一來，事實與價值的整合就成了簡單的算術題。只要將各個結果的W值和V值相乘，然後相加，就能得出該項政策方案的整體可接受度：

$$\text{可接受度}=(W1\times V1)+(W2\times V2)+(W3\times V3)+\cdots\cdots$$

將這個可接受度值和其他政策方案（或現行政策）的可接受度值相比較，就可以選出可接受度最高的政策方案。

因此，我們無須在放任事實與價值在腦中糊成一團時做決定，而是可以給出數值，然後進行簡單運算。這種做法有一個很大的好處，就是讓人可以理性檢視自己的立場。例如你可能發現自己在許多點上和對手相一致，但在防止藥物過量這一點上賦予的權重不同，兩人的討論就更能聚焦。或許你會說服對方同意你的優先順序，或許你會被對方說服，接受對方的優先順序。

不過，你可能會說，這套決策方法有點複雜，在現實世界行不通。一般人只要太在乎某個議題，就不可能停下來進行這種計算，而是寧可一決勝負，將自己喜歡的解決方案強加給對方。

但我們接下來會看到，這套方法**確實**曾在某個高度緊張的眞實案例裡發揮了作用。儘管效果並不完美（差得遠了），但第一次使用能有這種成果，已經超過預期。

丹佛子彈研究

一九七四年，美國丹佛市警察局決定停用實彈，改用空尖彈[118]。這項決定引起了極大爭議。有人說空尖彈就是達姆彈，是非法的，因爲達姆彈遇撞擊就變平，會造成極大傷害。美國公民自由聯盟和其他行動團體與社團都發起示威，民眾也對市警局感到憤怒。

就在這時，有一名警察被空尖彈打死。數百名警察聚集在市政廳，不希望警方的武器裝備輸給擁有空尖彈的罪犯。局勢愈演愈烈，一方提出理由支持配發空尖彈給警察，另一方則提出理由反對，雙方爭執不下，感覺就像法庭上的激烈攻防。

雙方都找來專家助陣，但爭執依然不斷，情況顯然令人絕望，輿論普遍認爲整個法治體系即將崩潰。市議員和不少人似乎認定平常的對抗手段已經失效，眼前是危險的僵局。

民意代表要求彈道專家告訴他們哪種子彈「最好」，但由於「最好」根本無法用專業術語定義，因此彈道專家無法回答這個問題。專家知識雖然有關，但這個問題涉及價值判斷，尤其是應該將誰的安全擺第一。在這點上，彈道專家以他們的專業，並不比你我更有資格下判斷。

與此同時，民意代表對子彈的技術層面和現有的子彈種類不夠了解，還沒有能力進行有效辯論，就已經採取立場支持或反對空尖彈。他們的立場完全根源自價值判斷，對做出明智選擇所需的事實一無所知。問題是，事實和價值無法分開，而這正是公民政府的慣用方法最終無效的主要因素。

面對雙方激辯不休，毫無進展，法治出現缺口，數百名員警聚在市政廳外抗議，你會找誰來打破僵局，找出化解之道？丹佛市議會找來了科羅拉多大學心理學教授哈蒙德（Kenneth Hammond），由他召集一組專家共同合作。

哈蒙德和組員分析問題，發現子彈確實有某些性質攸關判斷。他們定出兩大因素：中彈者的傷重程度與子彈的制止能力。傷重程度爲中彈後兩週內的死亡率，制止能力則爲目標中彈後還能開槍還擊的比率。之前的爭論都沒有區分兩者，但它們明顯是不同的概念。還有一個因素也很重要，那就是旁觀者的風險：流彈擊中旁觀者的機率有多大？分清這些因素可能感覺有些冷血無情，實際卻很重要。假設我們面對棘手問題，希望透過對話達成共識，就必須把話說清楚。市面上的子彈各有其特徵，如重量、槍口初速、命中目標後的動能耗損等等，每個特徵都會影響傷重程度、制止能力與旁觀者的風險。由於子彈性質因種類而異，對這三個因素的影響也有不同。而這些都是事實問題，可以由彈道專家判定。

接下來還需要確認價值問題。就傷重程度、制止能力和旁觀者的風險而言，所有利害關係人想要什麼？

於是，就在外界的紛擾之中，哈蒙德小組找來了市議員、社區團體、倡議組織和隨機挑選的民眾，讓大家坐在電腦螢幕前，觀看各種假想子彈的制止能力、傷重程度和旁觀者風險，再請所有人針對每種子彈給出可接受度，最後由科學家展示他們的給分曲線。結果顯示，傷重程度愈高，可接受度愈低；制止能力愈高，可接受度愈高；旁觀者風險愈高，可接受度愈低。就這樣，科學家從所有參與者那裡得出了各價值的權重。這是一套系統化挖掘價值權重的路數，連人對受傷的情緒反應也包含在內。

接下來，哈蒙德小組就請彈道專家檢視市場上所有子彈的基本特徵，包括槍口初速、進入體內的動能耗損、傷口種類、大小與形狀、子彈進入體內的深度，並評估每種子彈對傷重程度、制止能力和旁觀者風險的影響大小。

這時，他們發現還有一種子彈之前沒有考慮到。這種子彈也是空尖彈，但和他們測試過的不同。彈道專家發現，比起之前檢驗過的所有子彈，這種子彈更能滿足參與者建立的可接受度標準，不只制止能力好，讓警察更有安全感，傷重程度和旁觀者風險也比較低。

所有參與者發現，這套檢核程序並未明顯偏袒任何一方，沒有偏坦警察，也沒有偏袒反對警察使用「達姆彈」的社區團體。所有人都同意，警察應該使用這套程序挑選出來的那種子彈。

事實證明，新子彈使用多年下來，沒有再引發任何爭議。關鍵在於區隔事實與價值，好讓最有資格做判斷的人做判斷。這套決策過程可以算是遮盲法，因爲專家並不曉得參與者對相關因素給出的權重，也就無從得知自己的專業判斷會支持哪種子彈；而坐在電腦螢幕前做評估的參與者，也不曉得專家對不同子彈的結論。你一開始站在警察或社區團體那一邊並不重要，因爲你根本不曉得自己的判斷會得出什麼結果。這套做法還有一個優點，就是完全透明，所有推論都能接受檢核與公開評估。

那我們爲何不多這樣做？

這套方法對許多政策爭議都有幫助，包括減少本書之前提到的「徽章」效應：例如支持或反對擁槍權就代表你屬於哪個團體，因此當被問及是否支持擁槍權，你可能會照所屬團體要求的答案回答。但是問你分別給會受擁槍權影響的因素多少權重，那就另當別論了。你可能眞的給出思考後的回答，而非所屬團體的期望。當然，這套方法也有似乎幫不上忙的時候。有些爭議，雙方價值觀太過對立，就算藉由專家將事實區隔出來，兩造對於某項政策的可接受度還是沒有共識。在兩種語言人口相當的地區更改官方語言，似乎就是這樣的例子。

麥考恩研究禁用藥物對社會的影響時，就曾努力協助人們區分價值與事實。例如，他曾和經濟學家路透（Peter Reuter）及謝林（Tom Schelling）合寫一篇論文，詳細分類了藥物造成的傷害，包括藥物過量致死、交通事故和毒販火拼等等[119]。接著，他們將這些傷害分成主要導因自使用藥物和主要導因自禁用藥物兩種。例如，人類免疫缺乏病毒（HIV）傳染是因爲禁用藥物（精確來說是缺乏乾淨針頭），交通事故是因爲使用藥物造成精神活性的後果。三位研究者有些天眞地以爲，這套分類將有助於支持和反對藥物合法化的兩方產生更冷靜有益的對話，探討各自立場的利弊。他們原本猜想反彈主要會來自反對方，結果竟然大多來自支持方（或許反對方根本沒讀論文！）。支持方從傷害的角度討論藥物合法化，提出有力的反駁，完全忽略了使用藥物可能有的**好處**（如愉悅、樂趣、個人探索、減輕疼痛等等），而這顯然是成本效益分析不可或缺的一部分。

這個例子可能只凸顯了麥考恩個人的盲點，但我們認爲這個例子也凸顯了清楚區分價值與事實對公共辯論的重要性。如同方才所見，做出重大政策決定時，專家對判斷哪些才是**重要**因素和重要程度不一定是權威，所有人都能給出貢獻。

這套決策方法需要找出相關的關鍵因素，這件事當然有時並不容易，但是丹佛子彈的例子依然很有啓發性。就算各方對某項政策充滿激情，決策時依然能採取反思式方法，讓我們的推論公開揭露，可以接受檢核與討論。

價値會扭曲事實陳述與方法論

決定某項決策時，就算主要因素很清楚，還有一件事可能會妨礙我們使用事實——價値決策流程。二十世紀後半，我們愈來愈有感覺，文化、個人目標和社會裡的不平等關係會形塑我們的行動與信念；而且如同第十三章所言，科學家也很難不受影響。因此，儘管有效的決定端賴客觀共享實在，而事實又是客觀共享實在的基本元素，但事實**陳述**及其背後的方法論基礎（我們稱之爲事實故事），卻可能被這些社會力量所形塑或扭曲，使得某些人很難想像討論政策決定時如何區分事實與價値。

這可不是個小問題。儘管我們不用太擔心價値會扭曲物理學的事實故事，例如力等於質量乘以加速度等等，但對許多社會科學的發現來說，情況就不是那麼明顯了。關於社會科學事實故事的問題，有一個很經典的例子。一九八一年，伊格莉（Alice Eagly）和卡莉（Linda Carli）匯集了一百四十八個實驗的數據進行分析，主題是配合他人意見的性別差異，結果顯示女性比男性更容易從眾（這些研究大多完成於一九七〇年代以前，因此不應該和目前一概而論）。但兩人將這些實驗按第一作者的性別進行區分之後發現，從眾的性別效應在女性研究者主導的實驗裡就消失了。

女性（至少一九八一年以前）確實比男性更配合他人嗎？或許。但如果是這樣，爲何只有男性研究者觀察到這個事實？是因爲男性研究者實驗時挑選了顯示女性較爲從眾的任務或措施，還是女性研究者實驗時挑選了顯示女性不會特別從眾的任務或措施？我們不知道。但伊格莉和卡莉的發現顯示，男性和女性研究者的性別觀可能會影響其研究發現。科學家並不懷疑這種不一致現象背後有其事實眞相，也因此對找出文化與性別如何影響實驗測試的定義與選擇很感興趣。但在一九八一年分析當時，我們只能確定地說，這些實驗的主張與方法論有問題。

有些人認爲，既然價值可能會扭曲事實故事，我們就無法區分價值與事實。但我們不同意這個看法。如同之前幾章介紹過的許多概念，將討論區分爲有事實基礎的部分和主要仰賴價值觀、個人目標與情緒的部分是有實用價值的。就算區分所使用的定義與分類方法可以被挑戰，區分還是大有幫助，因爲這樣做能使參與討論的各方不得不考量決定受現實框限的不同方式。

價值與衝突

人在意哪些價值？我們能否有系統地描述人們（不論他們是誰）在乎的價值，

供我們實際決策時使用？直接問對方在乎哪些價值、有多在乎是一種方法。當然，口頭上說自己在乎哪些價值是一回事，實際做決定時根據哪些價值又是另一回事。不過，詢問人們的價值觀並非無關緊要。

價值永遠相互衝突嗎？不一定；就算互相衝突，也有程度高低。在社會科學裡，評定價值衝突的主要框架出自施瓦茨（Shalom Schwartz）[120]。他調查了二十國民眾，請他們針對五十六個「個人生活原則」價值排序。統計模型顯示，權力、成就、享樂、刺激、自我引導、普世主義、仁慈、從眾／傳統、安全這些關鍵價值要麼緊密相連（在乎A通常會在乎B），要麼完全對立（在乎A通常**不會**在乎B），要麼彼此無關。換句話說，對大多數人而言，有些價值（如享樂與傳統）在做決定時是很難調和的，因爲彼此方向相反；有些價值則會彼此拉抬，不會朝相反方向走。這套衡量價值差異的方法引發了大量跨國研究，分析眞實世界裡的團體間衝突，從移民、氣候變遷到全球許多地區的種族衝突都有。

泰特洛克（Philip Tetlock）的價值多元模型[121]主張，價值衝突（例如必須在平等和經濟效率之間做取捨）會引發心理反感。面對這類令人不適的取捨，每個人做法不盡相同。有些人選擇否認，直接無視價值衝突。面對意見不一或意見未知的對象，他們可能選擇推卸責任（讓別人做決定）或拖延。面對意見統一而明確的對象，他們可能會隨聲應和，只說對方想聽的，並妖魔化（通常不在場的）反對方。

不過，有些方法或許可以有效緩和價值取捨的痛苦。史提爾（Claude Steele）認爲，態度的自我防衛與價值表達功能來自心理上的**自我肯定**系統。這套系統會努力保持正面的自我感覺，視自己爲道德良善、講理、獨立又有能力的人[122]。當有資訊威脅到這份自我感覺，就會引來反對、否認、合理化或其他行爲，駁斥這項資訊。講到這裡，史提爾的看法聽來和我們剛才談到的價值取捨與態度機制差不多。不過，比較有趣的是他從中引申出的一個想法和一種有效處理價值衝突的程序。史提爾推論道，既然挑戰到個人觀點的資訊會讓人感到威脅，那麼只要讓人有機會肯定自我價值，他們或許就會更有韌性，更能抵禦威脅。於是，史提爾和他的研究夥伴做了一系列實驗，證明人只要有機會先公開表明自己的核心價值，例如填寫價值量表，降低他們強力捍衛核心價值的需求，那他們面對新證據時就會更願意考慮這些證據，甚至改變觀點。研究人員在多個眞實場合（如學校）實行這套自我肯定計畫，結果發現定期自我肯定能提高學生接受新資訊的意願，提升學業表現[123]。

追求共享價值，不別徽章

對於我們和價值觀的關係，以及價值觀的起源，前面提到的種種要素與觀點讓我們不由得產生一個更大的好奇：儘管我們可能擁有很不同的文化背景與徽章身分，爲何有時卻似乎確實能在價值的共同理解上取得集體進展？例如幾百年來，我們已經說服彼此接受了一些關鍵的共同價值。現在還有誰會爭辯奴役、強暴和刻意羞辱弱者是惡行？我們顯然有方法可以獲得共享價值。

所以，面對價值問題，我們該如何理性思考？本書前幾章談到科學推論時，曾經提到木筏比喻。我們發現，談到人如何思考價值，木筏比喻同樣能派上用場。其實，孩子很小就會思考價值問題了，通常發生在和爸媽對話的時候：

小孩：亭安把筆借給我，但我不想還給她。因爲把筆還給她，我就沒有筆了，所以我幹麼要還給她？

爸媽：所以，妳覺得借人家的東西，不用還給人家？

小孩：呃，通常要還，但這不一樣。

爸媽：哪裡不一樣？

小孩：因為亭安年紀比我小。

爸媽：如果向年紀小的人借東西不用還，詹姆士就不用還他跟妳借的指尖陀螺了。

依此類推。在這個例子裡，思考過程在兩件事之間來回：（一）判斷特定情況下某一行為可否接受（把筆還給亭安，詹姆士把指尖陀螺還給你）；（二）判斷某一行為背後的普遍法則（借東西就應該還）。我們都會對特定情況下某一行為可不可接受下判斷，但也預期這個判斷必須有相關的普遍法則作支撐。只要普遍法則似乎成立，我們可能就會接受。但只要普遍法則似乎不合理（例如你認為向年紀小的人借東西不用還），你就得收回判斷（把筆占為己有是不行的）或提出新的普遍法則，直到感覺合理為止。我們會在針對特定情況的判斷和針對普遍法則的判斷之間來來回回，直到我們對特定情況下的行為和行為所展現的普遍法則都感到自在，才會定下來。這種方法就叫「反思均衡」[124]。

同樣的過程也發生在成年人身上，只不過教學是雙向的，而且成年人至少明白必須將他人的利益納入考量。我們不僅會互相學習，甚至會向不同文化的人學習。比方說，要是有人不明白奴役或羞辱錯在哪裡，有一種方法可以教育他們，就是舉一個血淋淋的具體例子，等他們同意這樣是不好的，我們就能找出背後的普遍法則——人無權擁有他人、殘酷對待他人或施以暴力；權力不代表真理——並且將普遍法則表達出來，接著就能檢視這個法則是否可接受，或檢視更多案例和普遍法則對這些案例的判斷。

之前的木筏比喻在這裡也能派上用場。我們不必從零開始思考價值，也不必從頭開始證明一切，而是可以從社會提供的價值判斷之筏開始，運用常識思考什麼可以接受、什麼不可接受，一方面坐在既有的價值判斷之筏上，一方面逐一抽出價值判斷，挨個檢查是否正確。如果抽到普遍法則，我們就能檢視它針對特定情況做出的判斷看來是否正確；如果抽到針對特定情況的判斷，我們就可以追問背後的普遍法則，檢視是否健全。因此，迭代審議*不僅能用來討論事實，在不同的證據與專業來源之間做出判斷，還可以用來討論價值。

上述討論和近來的研究成果，對如何改善審議時的價值討論給出了一些方向：

- 首先，你得做好必須和討論對象反覆進行「反思均衡」的心理準備，在引發討論各方情緒反應的實例和解釋這些情緒反應的普遍法則之間來來回回。
- 提供尊重對話的機會，在討論之初就讓各方公開表達自己在乎的價值。

- 當你和討論對象各自捍衛的價值似乎彼此衝突，請別忘了你們都在乎這些價值，只是排序不同，並試著尋找創新的討論方式。

審議的價值

哲學家史陶森（Peter Strawson）曾經寫道：

> 十八世紀末，有人問一位蘇格蘭法官如何做出判決，據說他這樣回答：「我會先讀完所有訴狀，讓它們在我腦袋裡（和熱托迪酒）胡攪個兩三天，再做出判決。」但他也許不是個很好的法官[125]。

拿這段話來形容我們大多數人，其實不會相差太遠，例如面對公投議題，我們會盡量閱讀相關資訊，在腦中翻攪幾天，然後投票。經過本章對於事實與價值討論的分析之後，我們應該痛苦又清楚地意識到，這種做法有多少缺口：我們不僅沒有

*編註：iterative deliberation，意指每次討論都基於之前的討論結果來調整觀點與決策，直到達成較為理想的結果或共識。

明確列出政策決定所涉及的考量因素，也不清楚如何檢視政策決定，更不曉得如何跟那些在底線上和我們意見不同的人爭論。

本章開頭介紹了一個合理可行的做法，讓團體得以同時考量事實與價值，然後再做出政策決定。這個做法或許勝過讓論述「在腦袋裡胡攪個幾天」，但就先區分事實與價值再整合兩者的做法來說，丹佛子彈研究的審議程序仍然算不上理想，因爲這套代數演算式的方法並未包含兼顧事實與價值考量的審議所需的某些原則要素。例如，我們不應該只是將專家提供的事實數據或公民給出的價值權重加以平均，而是應該保留對這些資訊來源進行迭代審議的空間，例如先使用史提爾的自我肯定策略。下一章的主題便是這種動態審議。

第十七章
審議之難

來到倒數第二章，我們開頭想先提出一個驚人命題和一個嚴肅的挑戰。先說命題：**我們或許是人類史上第一個可以合理期望自己能實現人人安居樂業的大同世界的世代**。這個命題當然值得商榷，甚至發生的機率不高，但光是有一絲絲可能就足以讓我們警醒。這是什麼意思？首先，在第十章就討論過，人類直到這個世代（今日生活在地球上的所有人）才見到了全球齊心養活全人類的努力所獲得的成果：二十世紀最後四十年，儘管全球人口增加爲二·五倍，極端貧窮人口卻從一半以上驟減爲不到十分之一，識字率也從不到一半提高到八七%。此外，全球人口增長首度趨緩，許多國家（包括人口長年位居前段的國家）人口甚至開始減少。因此，人人吃飽飯不再是幻想。我們不是活在馬爾薩斯*的世界，人口永遠多於所需的資源。

這幾年疫情擴散全球固然可怕，卻也證明了我們有能力運用急速發展的生物知識，一轉眼就開發出疫苗。儘管要自信宣稱未來所有威脅我們都能及時處理還言之過早，但我們顯然似乎已經在路上了。

放大到整個地球，我們是第一個有能力按照己意打造全球環境的物種，而且是第一個眞的能做到的世代。的確，人類產業可能導致全球暖化，但我們可以做到這一點，正表示我們不再是地球多變環境的被動接受者，而是能影響整個星球。人類過去起起落落，歷史發展深受冰河時期（或乾旱）所左右。儘管我們顯然還不清楚該如何安全管理氣候、穩定環境變化，卻總算有了（或有能力發明）工具，能在下一回冰川危及我們生存時加以因應。

我們顯然也是第一個應該有能力阻止下一次大滅絕的物種。每隔大約兩千六百萬年，就會有大彗星或小行星撞上地球，毀滅掉大多數物種。我們已經架設許多望遠鏡，可以在彗星和小行星抵達前偵測到它們接近，也已經練習發射太空船將距離還遠的小行星推開，讓它和我們擦肩而過。

總之，儘管我們還不曉得怎麼做，但確實明白當前世代擁有大好機會，可以打造一個繁榮世界，而且長長久久，只有微生物能活得比這個世界長。我們猜想，當你聽到這個驚人的命題，應該會和我們當時反應相同：「是啦，可是……！或許吧，可是……！」抱著科學樂觀心態堅持下去當然很好，但這個世界顯然不是天堂。我們連現有的知識都沒有好好運用，更別說預備好實現這個美好目標了。

這就讓我們來到本章開頭提到的嚴肅挑戰。就目前看，爲了實現這個目標，我們工具箱裡最缺的，可以說是有效進行大規模集體思考的技巧。只要人們可以好好一起思考，就能成就看似不可能的驚人任務，否則很快就會陷入僵局，甚至步向毀滅。因此，我們的共同挑戰（很可能是我們這個時代的巨大挑戰）就是發明有效集體思考的技巧，並善加運用。只要我們能在第三千禧年之初接受這項挑戰，就有一線可能，為欣欣向榮的地球打下基礎。

人類只要確認問題，就很懂得想出解決方法，能力驚人，而且對於培養有效的集體思考，我們已經有了起步的工具。正如同我們發現人類產業有能力影響全球氣候（不論好壞），我們也該意識到，產業級的資訊科技可能對一個國家、甚至全球的集體思考產生影響。

譬如，過去十年資訊科技的發展讓訊息可以只在小範圍傳播，形成「想法回聲室」，我們只會聽見附和我們觀點的訊息。這大大提高了確認偏誤，並明顯導致了政黨極化，使全球許多國家在許多問題上無法取得進展。然而，既然我們有能力促

*編註：Thomas Robert Malthus（1766-1834），英國政治經濟學家，於一七九八年提出「人口論」，認為世界人口數量將呈現指數成長，而糧食產量遠遠追趕不上，因此將導致飢荒與戰爭。

成思想極化的群體，就有能力打造更能促進集體思考的環境，只需要想出如何換個方式運用這些科技就好。

本書一路以來介紹了許多方法、科學工具與思考習慣，不僅能讓個人更爲高效，也能帶來集體成功。如今需要打造數位時代的集體思考工具，我們再次發現這個巨大的挑戰有大小兩面。我們發明的每一個方法都有助於打造一個欣欣向榮的星球，也有助於打造欣欣向榮的城市、企業或非營利組織，甚至是家庭或朋友圈。

審議科技

迎向挑戰之前，先來看看幾個有效集體思考的成功案例，或許會有幫助。儘管這些例子無法完全滿足我們的需求，卻都有值得借鏡之處。上一章介紹了使用事實價值評分法解決衝突的例子，還說這種方法在某些場合可能很有用處。但丹佛子彈研究是否含有促進有效集體思考的必要元素，足以成爲三禧思維的重要工具，就不是那麼清楚了。因此，我們想介紹一個可能更有用的技巧，那就是審議式民調。在我們見過的所有促進有效集體思考的變革工具裡頭，就屬這個技巧最令人鼓舞。

丹佛子彈研究凸顯了一件事：當討論者擁有不同的價值觀與價值排序，要將事實納入討論是很困難的。參與者的觀點會受恐懼、欲望、野心和目的左右。當前的政治局勢顯然給人這種感覺，民眾常常覺得無法和另一方對話。位於政治光譜兩極的人意見完全相左，以致每次選舉過後，都有將近一半的人覺得自己被政治體制徹底排除在外；下一次選舉又換成另一半人覺得被排除在外。這肯定不是有效的治國之道。不論做決定、做計畫或尋求政治共識時遇到什麼問題，我們一定有方法將專業事實和不同的利益、目的及欲望統合起來，而這正是審議式民調的宗旨。

一九八〇年代末，德州大學費希金（Jim Fishkin）教授發明了審議式民調。他後來到史丹佛大學任教，目前是該校的審議式民主實驗室（Deliberative Democracy Lab）主任。他回憶當時自己是在思考一般民調時想到這個點子的。民調公司或媒體（例如《紐約時報》）通常會隨機挑選一千名美國民眾，詢問諸如「美國政府是否該簽署泛太平洋貿易協定？」之類的問題。大多數受訪者乍聽到問題可能會想「欸，我不知道」。但或許令人意外的是，一般受訪者就算對議題一無所知，還是能給出看法，例如「呃……應該（或不應該）吧」[126]。隔天《紐約時報》的標題寫道，「三分之二美國民眾支持貿易協定」。當你知道民調是如何做成的，可能很難不認爲這個結論根本無效。受訪者通常不是對議題一無所知，就是所知甚少，因此只會回答他們認爲應該說的話。

你其實想知道，這群抽樣出來代表美國民眾的受訪者如果對這個議題眞有了解，他們會怎麼想。理想上，你希望知道他們了解議題並仔細考量不同選擇與後果後的看法。費希金問自己：既然如此，我們何不就這樣做？何不將這群代表美國民眾的受訪者送到會議中心，並且發明一套流程，讓他們透過討論與審議從專家和其他受訪者那裡獲取資訊，在更了解議題的情況下思考這個議題？

於是，費希金和研究夥伴設計出一套流程。他們會隨機選擇數百位公民，讓他們齊聚一堂，針對某個政策議題（例如福利改革）進行三天審議。首先他們會對這群審議者進行民調，了解他們對核心議題的了解程度與意見。以福利改革爲例，他們可能會詢問審議者對議題的政治傾向、對基本經濟理論的了解程度等等。蒐集到初步意見之後，他們會將審議者分成幾個小組，每組十人上下，並搭配一名受過訓練的會議主持。接著各小組就根據他們讀過（或以影片看過）的資料開始進行審議。這些精心準備的資料統統在專家的建議下完成，目的在介紹政策議題，提供各方同意或不同意的事實與價值、各個立場的證據，以及支持與反對政策議題的論述。審議雖然沒有預設結果，但有主持者引導，以便促成最有成效的討論。主持者不得補充資料，只負責確保每位審議者都能發表意見或告訴同組成員資料裡的資訊。主持者還必須確保審議時不會進行投票。和我們在電影裡看到的許多庭審不同，審議小組在審議期間除了表決要請教專家什麼問題，不得對任何其他事情進行投票。

審議過程中，各小組通常都會發現他們無法判斷哪個才是正確選擇。於是，對於制定某項政策會有什麼後果，所有小組理出他們無法回答的問題，例如如何預防意料之外的後果、如何促成某個結果發生等等，將問題蒐集起來，提交給專長領域涵蓋相關主題所有觀點的專家小組。

專家小組由立場不同的專家組成，自然經常意見不同。但他們各自都對這個議題擁有某項專業。他們不得教導審議者，也不得試圖改變審議者的觀點，只負責回答問題。專家小組被拷問完後，審議小組就繼續審議。他們現在有更多資訊可以討論。可能有成員說「那位專家剛才說了什麼什麼」，另一位成員回答「的確，可是另一位專家說了什麼什麼，所以這不合理」。經過這樣一番討論過後，審議小組通常都感覺得出來，哪位專家對這個議題比較了解，甚至更能察覺他們不曉得答案，正確判斷他們哪時對某個命題的信心水準應該不高（用第五章的術語來說，就是「校正良好」）。審議持續進行，組員會提出更多問題，於是再去詢問專家小組。整個長週末，審議者反覆經歷這個迭代過程，而目標並非達成共識。他們不是陪審團，無須所有人意見一致，但最後審議者的看法往往都會改變。費希金和他的研究團隊可以追蹤和測量意見的變化，因為他們在審議前後都會進行調查。他們發現參與者之所以改變看法，不是因為哪位專家最有魅力，或小組裡誰最會說話或地位最高，而是根據所獲得的新資訊。

審議結束後，參與者經常表示自己本來抱持某個看法，結果發現自己錯了。小組裡可能有成員談到某位親戚發生了什麼狀況，讓他們明白有其他觀點存在，或是聽完專家解釋，他們可能明白自己忽略了某項事實，而這項事實對整件事非常重要。

拋棄冷漠與「別徽章」

面對妨礙民主發展的冷漠與疏離，審議式民調或許是另一個令人振奮的解方。在費希金的研究團隊所舉辦的審議式民調活動中，參與者往往都很投入。即使他們是隨機選上的，有時參加率還是高得出奇，而且參與者有九五%以上會走到最後。不僅如此，費希金和他的研究夥伴還發現，參與者事後會更常接觸新聞，例如從來不看報的人開始每天讀三份報紙。許多人都將受邀參與審議式民調看成行善的義務。

此外，第十二章提到的「別徽章」現象似乎也消失了。審議式民調過程中，參與者開始認同同組夥伴，放下自己原本的強硬自由派或經濟保守派身分。一旦以這種方式進行審議，徽章就不再是主導因素。

聽完費希金描述審議式民調的結果，讓我們更有信心隨機選出一群民眾「陪審團」，提供專業知識讓他們解決問題，而非完全交給民意代表做決定。我們選出的民意代表經常感覺很有壓力，必須討好和他們意識形態最相近的人，而非代表選區裡的所有人，更別說全國人民了。

如果擴大參與規模，審議式民調依然有效嗎？例如大量的小型線上討論，或是慈善基金會聯盟每年舉行幾次全國性的審議式民調，然後花錢宣傳參與者如何及爲何改變他們對議題的看法，刺激全國人民對同一議題的思考？這種大規模的審議式民調或許能讓人民更公正理解事實，將事實納入考量，找出共識，更別說傾聽與理解其他人的觀點了。這樣做將會培養出更了解狀況的選民與民意代表。

情境規畫

審議式民調之所以令人振奮，在於它結合了專業知識與正當性，讓隨機選出、但人數足以代表各方利害關係人價值與情感的參與者共同討論，滿足他們聲音被聽見的權利。然而，當未知資訊過多、專業知識有限或不可預見的未來發展可能影響眼前的決定時，我們又該如何自處？「情境規畫（scenario planning）」就是爲了這種情況而發明的。

情境規畫是卡恩（Herman Kahn）一九六〇年代先後在蘭德公司（RAND）與哈德遜研究所開發的技巧。庫柏力克一九六四年黑色喜劇片《奇愛博士》主角的主要靈感來源便是卡恩。史丹佛研究中心和殼牌集團也參與了早期研發，尤其是史瓦茲（Peter Schwartz）擔任集團規畫部主任的時候。史瓦茲在《遠見的藝術》書中講述了情境規畫如何發展出商業應用，並且成功用在千奇百怪的場合，從「目的崇高」的協助種族隔離結束後的南非重建社會，到「意想不到」的替科幻電影《關鍵報告》打造未來場景都有。

情境規畫的基本概念是設想多個可能未來，以便測試我們做出的決定在不同未來裡的健全程度（robustness）[127]。參與者首先確定有待做出的重要決定爲何（儘管不用先這樣做也能進行願景規畫，但聚焦具體決定可以讓情境規畫不那麼抽象，也更有用），例如某家公司需要決定未來十年的人力調整，或是某大學生需要決定主修學科或接受哪些職訓項目。

接下來，參與者要確定局部環境裡和決定有關的「關鍵力量」，以及大環境裡和決定有關的「驅動力」。由於局部環境和大環境的潛在力量數目太多，因此參與者最好縮小範圍，只鎖定感覺上最能左右決定成敗的因素。對人力調整和職訓項目的決定來說，驅動力可能包括：

高品質的教育（免費、普及全民，或昂貴、只限菁英？）
經濟（成長、停滯或蕭條？）
財富與權力分配（高度集中或相對平均？）
年齡分布（會逐漸趨向老年社會嗎？）
人工智慧與機器人（它們在未來將如何扮演更重要的角色？）
傳染病（和我們控制疫情的能力）
工作與生活平衡的文化轉變
全球化程度（互相依賴、低衝突，或孤立、高衝突）
能源成本（可忽略或更貴？）

再來，參與者要根據每個力量的重要性與不確定性來排序。不確定性愈高的驅動力愈有用，因爲「不可能」或「事前就確定」的力量適用於（下個步驟）參與者想出的所有未來情境。比方說，未來能源成本可能比人口高齡化更不確定，那麼探索能源面向就比探索人口轉變更有用處，因爲不論哪個未來都會發生人口轉變。

儘管不同驅動力可能各有相關資料，但讓資料的可及性影響哪些驅動力要納入排序或如何排序是錯的，因爲情境規畫的目標和界定一二階因果要素時的目標不同。界定一二階因果要素是爲了得知當下實在，因此資料對要素排序可能很有用。但情境規畫是爲了考慮未來各種可能性，包括不大可能的情境，因此即使我們考慮的範圍並未涵蓋所有可能的未來，廣泛探索還是對規畫有幫助。

接著，參與者要選擇並設想多個未來情境。和寫小說或劇本一樣，參與者設想情境的數量或複雜度都沒有限制，但數量有限時（通常是四個）效果最好。四個情境基本上由前兩大驅動力組成。每個驅動力分成兩個走向，例如未來財富分配更平均或更集中；兩個驅動力乘上兩個走向，就會形成二維矩陣，共計四個象限。每個象限代表未來諸多可能性的其中一部分，而這些可能性對於決定的成敗特別重要。參與者盡量替每個情境取一個簡潔有力又好記的名字，方便之後審議時使用，而每個情境也要化成一套簡短的敘事，如同事發後的新聞報導那般，解釋該情境（就算不大可能）如何合情合理地發生。

譬如，以前面提到的人力調整與學生職訓爲例，假設我們選擇「財富集中程度」與「人工智慧與機器人效能」爲關鍵驅動力，那麼可能會畫出一個二維情境矩陣（圖表17-1）。

【圖表17-1】

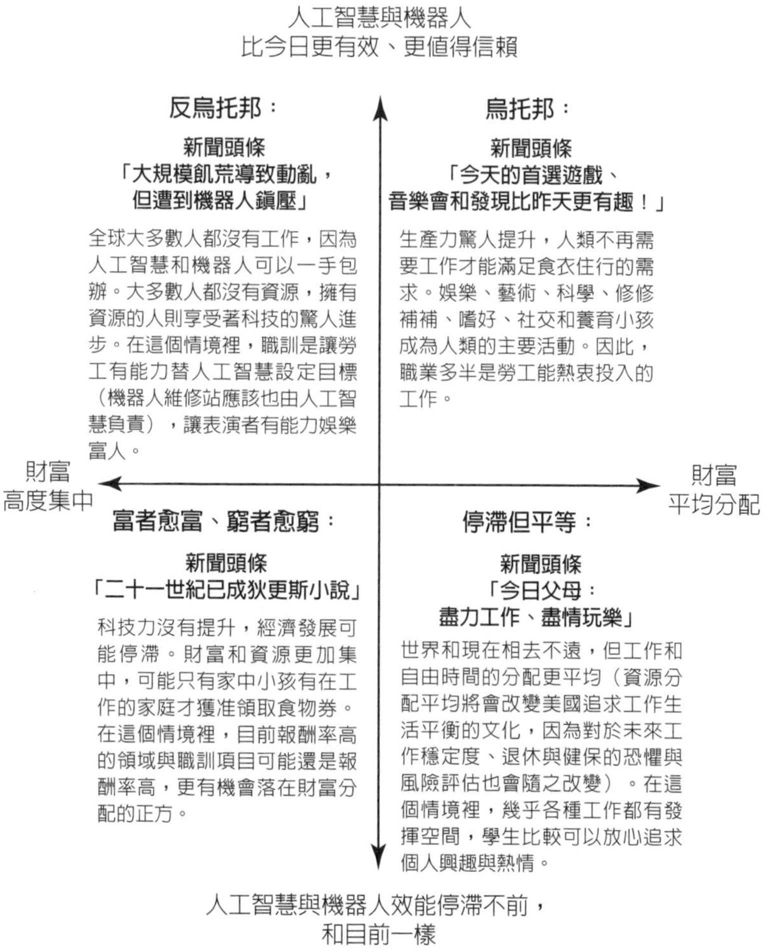
人工智慧與機器人
比今日更有效、更值得信賴
反烏托邦：
新聞頭條
「大規模飢荒導致動亂，
但遭到機器人鎮壓」
全球大多數人都沒有工作，因為人工智慧和機器人可以一手包辦。大多數人都沒有資源，擁有資源的人則享受著科技的驚人進步。在這個情境裡，職訓是讓勞工有能力替人工智慧設定目標（機器人維修站應該也由人工智慧負責），讓表演者有能力娛樂富人。
烏托邦：
新聞頭條
「今天的首選遊戲、
音樂會和發現比昨天更有趣！」
生產力驚人提升，人類不再需要工作才能滿足食衣住行的需求。娛樂、藝術、科學、修修補補、嗜好、社交和養育小孩成為人類的主要活動。因此，職業多半是勞工能熱衷投入的工作。
財富
高度集中
財富
平均分配
富者愈富、窮者愈窮：
新聞頭條
「二十一世紀已成狄更斯小說」
科技力沒有提升，經濟發展可能停滯。財富和資源更加集中，可能只有家中小孩有在工作的家庭才獲准領取食物券。在這個情境裡，目前報酬率高的領域與職訓項目可能還是報酬率高，更有機會落在財富分配的正方。
停滯但平等：
新聞頭條
「今日父母：
盡力工作、盡情玩樂」
世界和現在相去不遠，但工作和自由時間的分配更平均（資源分配平均將會改變美國追求工作生活平衡的文化，因為對於未來工作穩定度、退休與健保的恐懼與風險評估也會隨之改變）。在這個情境裡，幾乎各種工作都有發揮空間，學生比較可以放心追求個人興趣與熱情。
人工智慧與機器人效能停滯不前，
和目前一樣

再來，參與者必須衡量他們所考慮的每個可能決定，是否（用史瓦茲的話來說）「在所有情境都很健全」。最健全的可能決定也許風險最低，但不必然是最佳選擇，反而是沒那麼健全的可能決定更值得選擇，因爲它在其中一個情境裡能帶來最佳效果，即使未來成眞的是其他情境，我們也不介意冒一點風險（不喜歡冒險的人，可能會選擇接受替人工智慧設定目標的訓練，如果這在所有情境都是最健全的職涯選擇，但比較敢冒險的人，可能會選擇需要創意的工作，例如建築，因爲他們認爲除了左下情境，這個選擇在其他情境都是最佳決定）。不過，評估每個選擇的健全程度很有價值，因爲可以減少我們之前提過的「團體迷思」，減少一廂情願或扭曲的推想過程。

最後，爲了讓情境更具體，並觀察決定的結果，參與者要按自己列出的關鍵力量定出有用的指標或路標，確認最終發生的可能是哪個情境。譬如接下來幾年，新聞頭條報導科技突破讓人工智慧更值得信任、更有效，「全民基本收入」成爲各個政黨的共識，那麼或許就能推論左下情境不大可能發生。

按其設計，情境規畫也很能預防確認偏誤，因爲它和我們在第十二章介紹的「反向思考」有許多相同之處。

預測科技發展

情境規畫是很有用的工具，可以促使我們仔細思考與規畫未來；集體思考與決策經常就是爲了這一點。但情境規畫的用意不在預測未來哪個情境最可能發生。現有的集體預測未來方法不少，蘭德公司冷戰期間發明的德菲法（Delphi Method）就是早期的重要工具。德菲法有許多變形，但基本概念都來自高爾頓很早就證明了的群體智慧，也就是個別判斷彙整起來，往往比大多數（或全部）個別判斷更準確。相關領域的專家針對討論的議題給出最佳量化評分或預測，並採取匿名以鼓勵直言，防止膽怯或譁眾取寵。高爾頓的方法只會評分或預測一次，但德菲法通常會進行數次，判斷會傳回參與者手上，讓他們在得知其他選擇的情況下決定是否修正自己之前的判斷；還有一種德菲法會讓專家進行審議以化解歧見，尋求共識。如同先前所言，當專家有好理由改變判斷，並且有一個共享的概念架構可以評量哪個判斷最好（眞理勝出制），讓人依據別人的意見調整自己的判斷就很有用。但當專家的判斷很準確，卻因爲顧及眾人意見而改變判斷（多數勝出制），依據別人的意見改變判斷就不大有用。近來有一個集體思考法的變形，就是現代版的預測市場。早在至少二十世紀初（甚至更久以前），賭徒就會拿選舉結果下注，但目前這種制度化的做法，主要是一九八〇年代晚期由愛荷華大學的商學院教授開發出來的，後來由Intrade和PredictIt等公司加以商業化。在一般的「群體智慧」示範裡，參與者追求預測正確的動機只有求表現好。但在預測市場裡，參與者會對預測下注，簽下某個結果（例如下次選舉某位候選人會獲勝）的購買合約，就像豬五花肉或其他農產品的交易一樣。二〇〇〇年代初，預測市場對一九九八年美國選舉的預測優於專業民調機構，讓許多人對預測市場大爲興奮。數份研究顯示，預測市場表現通常優於民調的加總平均（這個做法本身就已經改善了民調準確度，因爲不同民調結果的誤差會被抵銷），因此很快被視爲群體智慧與經濟學「效率市場假說」的完美結合，發揮一加一大於二的效果。粗略來說，效率市場假說就是市場會納入所有相關資訊，因而往往能趨向最佳表現。

過去十幾、二十年，預測市場稍稍失去了往日風光，因爲它錯誤預測美軍會在波灣戰爭時發現大規模毀滅性武器，也沒有正確預測英國會公投脫歐、川普會擊敗希拉蕊。近幾年，預測市場（和其他人一樣）高估了共和黨在美國二〇二二年期中選舉的表現，但預測市場的兩個基本概念假設——群體智慧能抵銷個體偏誤，以及市場效率——是「長期」優勢，就算不是每次都發揮效果，也無損其價值。我們似乎可以放心假設，預測市場不會消失，依然是有用的集體思考方法。

集體預測的最後一個出色例子是「良好判斷計畫」（Good Judgment Project）。這個計畫是由華頓商學院的泰特洛克（Phil Tetlock）和梅勒絲（Barb Mellers）共同研發。兩人的研究歷程對我們了解人類判斷的長處與瑕疵做出了重大貢獻。二〇〇五年，泰特洛克出版了一本引發爭議的書。他在書裡主張，根據謹慎進行的測驗，政治專家做出的預測不比「丟飛鏢的猩猩」好多少（泰特洛克並非主張專家無用，而是主張專家的價值在於幫助我們了解世界，只是多重因果的複雜網絡讓他們不大擅長預測兩個可能結果當中哪一個會發生）。意外的是，泰特洛克二〇一五年和賈德納（Dan Gardner）一起出版了《超級預測》，書中對於良好判斷計畫做出的政治預測給出了正面得多的評價。

良好判斷計畫源自美國情報高等研究計畫署資助的政治預測比賽。情報高等研究計畫署隸屬美國情報機關，而泰特洛克和梅勒絲很清楚人類判斷有哪些常犯的錯誤，便發展出一套以人類判斷之長爲基礎的方法。簡單說，他們發明的方法不但有效，而且非常出色。良好判斷計畫團隊不僅贏得了二〇一一年的初賽，之後每一場比賽也都拿下勝利。良好判斷計畫勝過（直接加總的）群眾智慧法、預測市場和其他類似德菲法的團體思考程序，雖然它汲取了三者之長。神奇的是，良好判斷計畫甚至贏過知道計畫成員不知道的機密情報的情報分析專家。

良好判斷計畫程序太複雜，無法在此盡述，但可以介紹其主要特色。良好判斷計畫基本上採取公開招募，參與者無須任何專業或學術背景。爲了讓他們追求好表現，主持方會設立排行榜，讓參與者即時比較自己和他人的表現。參與者需要進行量化預測（某一具體事件於某一時間發生的機率），並解釋自己的預測，也可以在得知新資訊或見到其他人的預測與解釋後更新自己的預測。排行榜使用的評分方式會顯示預測準確度與校正度，以便獎勵參與者。主持方會挑出表現穩定突出的參與者（而非只是某次「碰巧」預測正確的人），組成「超級預測者」團隊。重點是，選出來的超級預測者往往是沒有任何學術或專業背景的普通人。

良好判斷計畫的成功令人稱奇，箇中緣由還有不少有待了解，但根據泰特洛克和梅勒絲的說法，目前至少知道以下幾個關鍵：

> 我們發現，（讓超級預測者準確度更高的）驅動力有四個：（一）徵召和留住較好的預測者（良好判斷計畫預測者表現優於其他研究計畫的預測者，約有一〇%歸功於此）；（二）提供消除認知偏誤的訓練（受訓者表現優於未受訓者，約有一〇%歸功於此）；（三）藉由群體合作與預測市場的形式，讓環境更鼓勵參與（相較於獨自預測者，表現

提升約一〇％）；（四）使用的統計方法更能汲取群體智慧，避開群眾瘋狂（表現比起直接對所有預測進行未加權平均高出三五％）[128]。

超級預測者和一般預測者的差別何在？前面提到，他們無需炫目的學歷，但通常擁有豐富的政治知識，心理能力測驗分數也很出色，而且具有開放的認知心態，願意承認自己所知有限、論證可能有弱點，而隨著自己所知增加，可能需要改變想法。這一點反映在他們的校正分數上，顯示他們不像一般預測者那樣自信。

聽完對於超級預測者和他們所使用的程序的描述，你應該覺得很耳熟了。超級預測者似乎使用了我們在談論三禧思維時提到的許多元素，而且用得很成功。這根本是有效集體思考的活示範！

線上思考科技

目前我們所介紹的，全是真人當面討論的集體思考範例，而我們希望發明可以將之拓展到線上世界的方法。不過，有些集體思考方法一開始就是爲了線上環境而設計。我們基本上希望設計出一套演算系統，可以不再重蹈覆轍，創造出無益於線上對話的網路環境，例如回聲室效應、故意強化「別徽章」行爲和不斷激化的評論串等等。

幾年前，珀爾馬特和柏克萊分校機械系教授戈德堡（Ken Goldberg）聊到他和研究夥伴發明的線上審議系統。由於這套系統可以讓參與者察覺其他參與者在各種議題上的立場區別，因此珀爾馬特便請教他，能否設計出另一套演算法，不僅能讓參與者找出和他立場相同的參與者，還能鼓勵他們了解反對方的立場，例如參與者如果清楚描述反對方的觀點，就能拿到分數？

最後，珀爾馬特和戈德堡發明了一套示範系統「辯論咖啡館（DebateCAFE）」，讓參與者針對某個議題輸入所能想到的正方與反方的最佳論證，同時替其他參與者提出的兩個論證評分。這套系統的特殊之處在於排名方式：你的排名取決於你最低的兩個得分（其他參與者給你的正方與反方論證的分數平均），因此你有很強的誘因，不論正方反方都舉出很強的論證。

另外一種集體合作思考法，是將討論的元素分解成「可檢測」的小單元，譬如某篇新聞裡的這句話是否確實根源於機率思考，還是落入了我們前面提到的認知陷阱，例如「也找找效應」或「p值操弄」？以及是否展現了「反向思考」的能力，還是在挑選證據時犯下了標準的確認偏誤？只要我們能從公民裡選出有代表性的一群人，問他們這些問題，就能檢視來自政治光譜各個位置上的人對這些小單元有無共識。實際上，這就等於參與者表示「我喜歡（或不喜歡）這個論證的結果，但至少它沒有p值操弄的問題」。只要我們能將針對某個論證、網站或新聞報導的評量匯集起來，就能大致掌握該論證、網站或新聞報導的優點與可信度。

感覺上，使用這種方法分析主張、網站或新聞報導很費工夫，可是「人多好辦事」，而且網路上其實有許多公民科學家網站，利用演算法讓數百至數千名感興趣的公民共同參與這類計畫。這些網站通常討論重大的科學議題，例如從哈伯望遠鏡攝得的影像裡找出數十萬個銀河的某些特徵。珀爾馬特和研究夥伴曾經親自體驗過，用這種方法尋找超新星，因此他認爲應該至少有一個這種公民科學家網站，用相同方法分析新聞報導。於是，身爲柏克萊資料科學研究所所長的他，便和亞當斯（Nicholas Brigham Adams）主持的古得力實驗室（Goodly Labs）聯手，由亞當斯領頭打造公共編輯網站，嘗試執行這個構想[129]。

當前複雜又令人興奮的挑戰

本章所有例子裡的那些嚴肅的審議挑戰，我們都解決了嗎？當然還沒。我們介紹的每一個方法都只滿足了一部分需求，而非全部。丹佛子彈研究讓專家處理事實、公民處理價值，但缺乏審議式民調眞正隨機挑選參與者所帶來的權威與公正，也沒有審議式民調爲參與者提供的階段引導式的小組審議。然而，審議式民調並未引導參與者區分自己的價值主張與事實主張，並且和丹佛子彈研究一樣，沒有仿效公共編輯計畫，將論證分解成更好掌握且可檢測的小單元，以便針對這些小單元達成共識。倘若我們希望公民能理解他們彼此歧異的觀點，以便眞正享有「觀念市場」*的好處——美國法學界長久以來便是以此支持言論自由——那我們的清單上就只剩「辯論咖啡館」了。

當最重要的因素取決於未來如何發展，我們介紹的集體思考法只有兩個可用，那就是情境規畫與良好判斷計畫的超級預測者，而且只有情境規畫強調要能爲不同結果做規畫，包括發生機率極低、但不無可能的未來。在這個計畫經常趕不上變化的世界裡，能做到這點顯然很重要。但當我們必須賭某件事會不會發生才能做決定，那就只能仰賴超級預測者了。

對於這些集體思考法，我們期望的目標不僅於此，而且它們經常彼此衝突。例如，理論上這些方法應該將所有利害關係人都拉進來，而不只是其中一小群，因爲我們希望所有會受決定影響的人都能理解決定背後的依據，而且就算不同意這個決定，也能感覺決定是公平做出的。可是只要這個方法需要真人當面互動，以便建立互相信任與理解，因爲往往唯有如此才能做出公平合理的決定，這個目標就很難實現。此外，我們生活的這個世界，愈來愈難確定自己見到的是眞資訊，而非人工智慧或出於經濟或政治等理由、不在乎誤導你的某人所編造的假訊息。對於資訊眞假的憂慮，或許讓我們在集體思考時偏好以眞人當面的方式進行，從而加大了大規模執行的難度。

聽起來眞的很難！但這正是踏實、迭代推進的科學方法可以大力協助的地方。前面提到的五、六個例子告訴我們，這些方法每個都能促成有效的集體思考，而我們還有許多迭代、變化版和新發明可以嘗試。我們無須做到完美，只要有改善（而且不斷改善）就好。一個方法就算沒有達成所有目標，也可能很有用。最後，儘管我們都很清楚網路有造成極化、混淆公共討論的危險，但網路也有潛力促成更好的集體思考，只是我們還沒充分利用這些機會。

*編註：marketplace of ideas，比喻不同觀點、思想和意見在公開平台上自由交流、競爭和辯論的過程。

我們希望你懷著樂觀的心情結束這一章：革命尚未成功，但一切都在我們的能力範圍內。好消息是，這項工程將帶來巨大的回報，而我們這個時代的所有議題，幾乎都需要更好的集體思考。本章開頭曾提到一個「驚人命題」：我們或許是人類史上第一個可以合理期望自己能實現人人安居樂業的大同世界的世代。但在通往烏托邦的路上，顯然還有當即可見的挑戰與目標要克服，而這正足以激勵我們升級我們的集體思考。

第十八章
在新千禧年重振信任

本書最後一部在開頭就提到一個宏偉的願景：我們需要新的集體思考工具，才能打造一個安全繁榮的世界。但我們想從一個比較個人的角度結尾：爲何人人都應該關心（並且需要）三禧思維工具？而我們三位作者又爲何選擇了這些概念工具作爲三禧思維的「入門組合」？

對於第一個問題（我們爲何應該關心？），答案是胡蘿蔔與棍子。胡蘿蔔：因爲使用這些工具應對這個世界，見證它們如何提升我們的效能，是很開心的一件事。棍子：因爲我們別無選擇。如今這個世界再也無法光靠一小群專家（大型新聞機構、醫療協會、科學研究單位等等），透過通訊軟體、郵件和電話消化零星資訊，就能爲所有人回答日常決策所需的問題了。要說第三千禧年最顯著的特徵，或許就是不論我們喜歡與否，所有人都「置身局中」，彼此相倚相連。由於人人都能獲取龐大資訊，以致我們做決定時不得不判斷需要考慮哪些事實、什麼時候可以倚靠自己、什麼時候應該請教專家、哪些專家（在哪些議題上）值得信任，還有什麼時候需要睿智的指導，幫助我們化解價值衝突。

當然，第三千禧年的發展不全然是壞事，甚至不能說大多是壞事。主動思考者自然比聽話的羊群好。但面對國內與國際對話被窄播*新聞管道與社群媒體的回聲室效應搞得支離破碎、假訊息與錯誤訊息的瘋狂傳播遮蔽了我們的視野、人工智慧創造出來的擬眞實讓眞假更難分辨，我們不得不解決這些挑戰。

所以，在這個歷史關頭，我們爲何會選擇書裡提到的這些工具呢？其中一個答案是，這些概念工具承襲了過去幫助我們克服非常多理解危機的科學實踐，可以說是這套科學實踐的最新版。當然還有其他概念工具（未來也還會有），但本書所介紹的工具已經夠我們採取行動，滿足「掌握實在」的需求，只因不論我們喜歡與否，實在就是實在，它要麼會妨礙我們，要麼能爲我們所用，就看我們對它理解多少。

當我們不了解證據如何不牢靠、摻雜雜訊，就得明白自己在理解實在時有哪些情況會欺騙自己。我們必須根據所獲得的機率線索正確行事。唯有懂得從意見不同的人身上獲益，發現自己的觀點哪裡出了差錯，才能茁壯成功。此外，當我們選擇**確實**理解這些工具（例如會主動尋找相反觀點）的專家，就能取得更大的進步。

我們在書裡介紹了許多這類概念與工具，但【圖表18-1】列出了最重要的幾個，並且分成個人就能使用和需要與他人合作兩種。

圖表裡列的工具那麼多，你看了可能會有些害怕（我們三位作者偶爾也會在該用的時候忘了用！），但當前快速變動的文化有一個好現象，應該可以讓我們稍微有點信心，那就是使用這些工具與方法並不是逆風而行，因爲周遭世界（還有根植其中的科學思維）也正以某些有趣的方式朝這個方向前進。你說不定已經在自己周遭看到有人使用我們介紹的概念和工具了。

說到我們正在經歷的文化改變，以及隨之而來的科學思維轉變，最簡單的描述方法就是和之前的文化相比較，結果如【圖表18-2】所示。我們將時間分成三個時期，但不代表每個時期正好就是一千年。第一欄是科學革命及其後續帶來的巨大心智成就，主要發生在上個千禧年。第二欄是失望與反挫，起自二十世紀末，並且似乎在這個新千禧年的開頭幾年達到高峰。第三欄是我們目前經歷的文化演進，以及科學與社會的裂痕將在第三千禧年彌合的願景。

圖表只是概述，我們不是原創，當然更不認爲它本身足以稱作智識史的權威。

＊編註：narrowcast，意指將訊息傳送給特定的小群體或目標受眾，而非像廣播（broadcast）那樣提供給大眾。

【圖表18-1】

心智習慣	社群習慣
 打造更好的工具	 表達信心水準
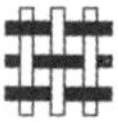 區分事實與價值	 對可能的解方或答案存疑，但抱著科學的事在人為精神創造解方
 用機率思考，而非真假二元	 彼此誠實
 別被隨機雜訊裡的模式愚弄	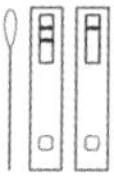 對可接受的風險（偽陽性與偽陰性）平衡取得共識
 區分雜訊與偏誤	 採取有效的審議程序
 留意捷思	 持續更新這張表格，只要有新的自欺方式、心智習慣或社群習慣就納進來
 防止確認偏誤	

【圖表18-2】

科學成功（二十世紀前）	失望與反挫（痛苦過渡）	三禧思維復興
儀器 實驗 複製 計算 科學社群與同儕審查期刊 單盲／雙盲對照 科學懷疑精神（科學主張需要堅實證據支持） 科學樂觀心態（事在人為的進取精神，人有能力發現實在、解決問題） 科學實在論	科學家形成「小圈圈」 專家同質化： ・種族、族群、性別 ・階級 ・地理位置 ・政治觀點 經濟利益衝突 專家過度自信、過度主張 「只要我能，沒什麼不可以」和科技風險升高： ・核子武器 ・氣候變遷 ・生物危害 ・鴉片 ・人工智慧、奈米科技等 ・自動化戰爭 ・病毒式社群媒體 ・自動化證券交易	從「事實思考」投奔「機率思考」 從「化約至上」轉向含納湧現現象（emergent phenomena）的細緻多層次世界觀 從「斷代式解方」（大躍進）轉向「迭代式解方」（謹慎小幅進步）和「實驗式社會」 從「技術官僚決策」（專家和領導人做決定）轉向「審議式決策」（集體協商與尋求共識） 從零和妥協轉向更積極、更事在人為、把餅做大的雙贏解方 跨領域團隊合作 新的集體工具：開放科學（預先註冊與資料分享）、遮盲分析、多實驗室合作與驗證、公民科學與事實查核、審議式民調、情境規畫、預測市場、超級預測、線上對話辯論平台

前兩欄的內容已經有許多不同領域的學者討論與剖析過，但我們確實認為第三欄提到的新起模式尚未得到社會廣泛充分的認識。

新千禧年雖然還處在嬰兒期，但感覺和上個千禧年不同。儘管它的變化有時讓人感覺難以為繼，缺乏共同的目的與方向感，但這些變化也有助於我們解決個人與集體的問題，開始規畫接下來的步伐。

為了理解來時路，讓我們稍微細談【圖表18-2】裡所提到的演變。上個千禧年後半是人類成就非凡的時期。歐洲十五、十六世紀的文藝復興見證了藝術與哲學的新一波昌盛，以及（和本書最有關連的）由伽利略、克卜勒、培根得到的洞見與方法所引發的科學革命。十七、十八世紀則是目睹了理性、經驗主義、道德與政治理論的蓬勃發展，也就是現在稱作啓蒙運動的思潮勃興。牛頓和萊布尼茲在概念上取得了重大進展；有組織的科學社群興起，協會、期刊及同儕審查紛紛誕生。十九、二十世紀，愛因斯坦與達爾文徹底改寫了我們對時間、空間和生命的基本假設，發明家如瓦特、貝爾和愛迪生則是讓技術大幅躍進。上個千禧年結束前，我們看見數位科技急劇重塑了我們的經濟與文化。

但就如本書開頭所述，到了二十世紀末，這種樂觀的進步感已成了過往雲煙。過去的大幅進展不再那麼驚人，更像是生活日常。許多人開始認為，人類不斷進步的那種烏托邦想像太過天真，無可救藥地根植於過往的殖民權力體系，不僅過時，也不可信。更糟的是近年來對科學樂觀心態的攻擊，甚至比最嚴厲的學術批判還要深刻與嚴苛。過去兩個堅若磐石的預設——說法需要有證據支持，而科學研究是提供這種支持最有力的方法——消逝的速度似乎比許多人想得還快[130]（儘管近年來，不論美國或跨國民調，科學家和醫師都是最受信任的專業人士，但信任度在某些政黨支持者心中還是有所下滑）。

這不僅僅是有些人不懂科學的問題。連最熱衷科學的人——你現在肯定已經發覺我們三位作者都自認是科學迷——也必須承認，儘管科學進步帶來了科技進展，但這種改變的效率是有代價的。我們介入自然的力道愈強，預期成果也愈大，但是副作用也更顯著。更好的止痛藥讓更多人成癮，更快的交通運輸帶來了壅塞與污染，更迅速的社群交流擴大了資訊傳播，但也滋長了假訊息擴散。

身爲社會的一分子，我們不僅希望科學能增長知識，還希望它解決問題。但「解決」這個概念可能是一種混淆，因爲「解決」蘊含最終、再也不用如何，而這很可能是一種幻覺。我們或許想徹底解決某件事，以便將注意力轉向其他問題，但這很可能不符合現實。也許我們得將問題視爲一個不斷需要調整的東西，就像照顧花園或調吉他一樣。

坎貝爾（Donald Campbell）發表過一篇名為〈實驗式社會〉的出色論文[131]。他在文中想像未來社會「會針對反覆出現的問題積極嘗試可能的解決方案，並對結果進行理智、多面向的評估，當某項改革經評估為無效或有害，就會嘗試其他可能」。坎貝爾認為，實驗式社會不是靜態結構，而是持續的過程，「致力於檢驗實在、自我批判與避免自欺」。

【圖表18-1】左欄列舉的「心智習慣」，都是有助於打造實驗式社會的概念。但我們之所以加上右欄，就是為了指出光有心智習慣是不夠的，這些習慣必須根植於三禧思維「社群習慣」的土壤裡，所有人彼此誠實，互相防止對方喪氣，並不斷提醒自己，我們可以做得更好，進而過得更好[132]。

信任是起點，也是終點

由於這些「社群習慣」愈來愈重要，使得三禧思維的性質也隨之改變，而這正是我們決定不將本書寫成自助類書籍（例如《科學家思維致勝術：給忙碌經理人、律師、家長、醫師和患者的成功指南》）的理由。我們確實認為這些思考工具對日常生活既實際又好用，但我們同時也認為，心智習慣和社群習慣的使用範圍不止於此，所以才會取現在這個書名，因爲這些概念工具是促成【圖表18-2】第三欄「三禧思維復興」的支柱。我們衷心希望，這些工具能帶領我們的社會擺脫困擾眾人的信心與信任危機。

每個世代、每個時代都有自己一套運作法則，作爲討論與決策的共同基礎，亦即信任網絡。有時是政治或經濟結構（不論好壞），例如君主封建制、資本主義或共產主義，有時則以共同的民族文化、歷史與神話爲核心。但到了第三千禧年，我們需要同時與更多文化合作，因爲我們現在生活的這個世界，不僅族群更多元，和全球社會相連相依的時間與廣度也遠勝以往。

面對集體生活的下個階段，我們認爲三禧思維這套共同的概念語言可以作爲所有人的共用文化、新的運作法則，所有第三千禧年的討論與決策都據此進行。由於三禧集體思考具備自我質疑的機制，因此既需要信任才能建立，也是信任的來源：當我們愈了解自己的心智弱點，尤其自我欺騙的能力，就愈懂得如何跟他人合作克服這些弱點。

然而，我們不能迴避房間裡的大象（如果你問牠的話）：在一個本身就需要信任才能建立的文化裡，如何建立一套基於信任的運作法則？如果你覺得身旁的人基本上都是善良的，那麼三禧思維工具自然特別能促成集體進步。但當然有些人死也不會接受這種文化，永遠不肯接受自己是錯的。我們不能假定人人都本著誠信行事，以此來打造社會。幸好，就如本章接下來會談到的，我們也不需要這樣假定。

以牙還牙和社群樂觀心態

在一個好心與自私參半的世界裡，良善之人如何一起成功、一起茁壯？這不是什麼新鮮的難題。在一群意圖有好也有壞的人裡頭，合作關係如何出現，這個問題吸引了所有人文、行爲和生物科學家的興趣。我們不僅能從他們的研究裡發現不少重要的洞見，還能將這些普遍的洞察運用到如何建立信任、掌握實在的具體問題上。

二十世紀末，意圖不一的人群如何合作的問題出現了重大進展。其中一個推動因素是運用賽局理論。賽局理論源自決策理論，是數學的一個分支。決策理論主要研究如何在不確定條件下做出最佳選擇，而賽局理論則是研究如何在衝突條件下做出最佳選擇。所謂的衝突條件，是指我們與他人的選擇彼此依存，但偏好與動機各不相同，而「賽局」則是指每位玩家可能拿到的回報組合。這些組合取決於玩家各自做出的選擇；不同情況下做出的選擇稱作策略，而賽局理論就是在研究不同策略的結果。儘管賽局都以數學矩陣呈現，但常被冠上生動的名稱，例如「囚犯困境」「膽小鬼賽局」「獵鹿賽局」等等。

其中，「囚犯困境」特別有意思，因爲兩位玩家都有自私行事的誘因，但只要雙方只考慮自己，結果就會比合作更糟。這種賽局會稱作「囚犯困境」是出於以下情境：若只有一名囚犯告發另一名囚犯，告發者就能減輕刑罰；若兩人都不告發對方，兩人均會獲釋；若都告發對方，兩人都加長刑期。囚犯困境還有金錢版，由兩名玩家進行多輪遊戲。每位玩家每一輪暗自決定合作或背叛（即拒絕合作）。若兩人都選擇合作，就各得一百元；若一人選擇背叛，一人選擇合作，則背叛者可拿到一百五十元，合作者零元；陷阱是若兩人都不選擇合作，兩人都拿不到錢。

政治學家艾瑟羅德（Robert Axelrod）決定研究人在這種賽局裡的行爲。他要參與者提出能在連續囚犯困境賽局裡拿到最高分的策略，而玩家在連續賽局結束前和其他玩家再次遭遇的機率是固定的。在這樣的連續賽局中，致勝策略很簡單，就是所謂的「以牙還牙」（Tit for Tat, TFT）[133]。

什麼是以牙還牙？策略很容易，就是玩家（一）第一次遇到某對手時，總是選擇合作；然後（二）再次遇到同一名對手時，就照對手上一次的選擇做。爲何以牙還牙最有效？艾瑟羅德形容這個策略「友善」（第一次遭遇總是選擇合作）、「會回擊」（如果上一次被欺負，這次就不會示好）、「能原諒」（只要對手開始合作，就會再次合作）。以牙還牙跟「永遠合作」的玩家一樣，和自私的對手第一次交鋒會屈居下風，但之後就不會被欺負了。但只要遇到「友善」的玩家，又會立刻鎖定有利的合作模式。

讓我們回到之前的千年難題：如何讓一群人合作找出解決現實問題的最佳方案？這個難題或許無法完美對應到任何類似囚犯困境的簡單賽局結構，但我們認為賽局理論的某些發現值得參考。阻礙或縮短合作關係的誘惑很多，但我們認為艾瑟羅德提供的做法有利於長期合作解決問題，因爲這個做法讓參與者一開始選擇合作（友善），而只要原本抗拒的夥伴選擇合作，他也會重新選擇合作（原諒）。這種一開始願意合作的態度，似乎和前文提到的「科學樂觀心態」相去不遠，也就是堅持相信問題可以解決，直到問題眞的被解決爲止。或許我們需要在社群習慣裡加上「社群樂觀心態」：堅持相信大多數人願意合作，直到找到願意合作的夥伴並解決問題爲止。

不過，重點是艾瑟羅德的做法還包含強硬的現實主義：繼續和只會欺負你的玩家合作沒有任何好處。不少合作事業就是這樣瓦解的。關鍵是，是否有夠多的合作者可以找到其他合作者，不讓這類瓦解主導整個過程[134]。

說到成功機率，或許可以考慮後來在電腦競賽裡贏過以牙還牙的策略，也就是比以牙還牙還寬容的「一牙還二牙（Tit for Two Tats, TF2T）」：對方不合作兩次才選擇不合作。之前曾經提到「基本歸因謬誤」，西方個人主義文化有一種不好的傾向，就是通常認爲別人違法是有意爲之，他們是壞人，我們違法是無心之過。一牙還二牙很像一個人努力克服基本歸因謬誤的傾向，設想對方第一次不合作只是無心之過，不是惡意爲之。

一牙還二牙給了我們希望。那些參與巨大集體努力，爲世界提供糧食與教育的人所取得的實際成就也給了我們盼望。即使有不合作的人，我們仍然能合作。所有最好的社會、智識與科學進展都源自於此。儘管新聞通常更在意人與人的衝突，但衝突其實只是我們生活的一小部分，其餘大部分都在協作共事的結構下度過。上學時，我們學習如何跟同學、老師合作；工作時，不同人有不同角色，必須合作才能讓每個人成功；閒暇時，我們和朋友一起度過。

心理學家兼演化人類學家托瑪塞羅（Michael Tomasello）多年來一直主張，人類的協作共事能力是獨一無二的[135]。人類合作的規模之大、範圍之廣、方式之多，很少有其他動物能出其右。我們從很小就懂得合作：十九個月大的孩童會將自己珍惜的食物送給看起來很餓的陌生人，看到大人掉落或遺失物品也會撿起來或指給大人看。長大後，我們的生活裡更是充滿了合作行爲，在擁有共同目標的群體結構裡扛起不同角色。因此，儘管我們無法指望遇見的每個人都會合作，但至少合作的可能性比新聞給人的感覺高得多！

特徵：願意學習

因此，若想培養具有三禧思維，又能建立信任與掌握實在的文化，第一步顯然是社群樂觀心態。不是因爲社群樂觀心態總是能獲得回報，而是因爲我們既能適度獲得回報，又不忘提防惡意不合作的人。生活在現實世界，我們都想知道如何判斷對方是不是眞誠的夥伴，以便互助合作，而非以牙還牙。例如，眞誠夥伴會努力探求事實問題的眞相，而不只是想贏得辯論。因此，關鍵第二步或許是辨別誰是眞誠夥伴，而三禧思維裡的願意認錯是個很好的指標。用撲克玩家的術語來說，願意認錯就是眞誠夥伴的「特徵（tell）」。

不論是和他人或團體合作，或是尋找可以請教的專家，甚至是評估提供專家意見的機構，例如大學、新聞媒體或專業協會等等，任何互動場合，我們都要確認對方是否具有這種開放的學習態度。比方說，我們要仔細聽權威專家的意見，觀察他們如何面對應該會讓他們改變想法的新資訊，也要尋找會支持與獎勵成員改變想法的組織機構。唯有如此，我們才能爲自己或爲社會打造下個世代的信任網絡。

進入第三千禧年，打造和重建信任網絡應該是我們最先在意、也最掛心的一件事。我們已經目睹社會所受的危害，包括假訊息廣傳所造成的政治極端極化。面對網路與社群媒體上的「標題黨（clickbait factory）」和人工智慧調教出來的「勾人」內容，不難想見在不久後掌握實在會是更大的挑戰。既有的一些方法確實能應付這些挑戰，例如實體交流、會議和大學等等，但我們還有許多事可做、該做。因此，面對「注意力經濟」，我們必須更務實地思考「信任經濟」，透過新實驗找出促進開放式集體思考的新方法。

這類實驗可能包括支持高品質調查報導的新機制，例如一直有人討論研發新的技術，讓網路上每位讀者支付小額費用閱讀記者報導，讓好的報導可以累積豐厚報償。此外，我們也可以開始尋找新做法，鼓勵記者展現願意認錯的態度。記者通常會以客觀正確的口吻撰寫報導或分析，但不妨想像，假如每篇新聞分析（例如《經濟學人》的文章）結尾都附上一個小方格，方格裡註明一些負面「指標」，讀者只要在後續新聞見到這些指標，就代表這篇分析錯了（例如「如果失業率下個月又升高一個百分點，我這裡主張新的利率政策會逆轉就業率下滑就是錯的），這樣不僅能引導讀者「考慮其他可能」，記者也不得不考量自己的分析可能會被證明有誤，從而更認眞去掌握實在，而不只是讓自己顯得很聰明，什麼都懂。

爲了更進一步推動信任經濟實驗（畢竟我們都提出三禧思維社會是「實驗式社會」了），我們希望創造新的誘因機制，刺激現今所有大媒體促進閱聽大眾共同正向學習。只要媒體公司股東的利潤完全來自大眾目光和隨之而來的廣告收益，媒體產業自然會在我們的公眾學習與對話裡摻入雜訊，甚至誘使我們墮入資訊孤島或極端主義，造成資訊往來的「公地悲劇」*，也就是污染公共資訊空間有利於企業，卻不符合人民的集體利益。就如同我們後來學會提供誘因（或懲罰）來改善環境污染，爲了改善智識公地的污染，我們也需要嘗試誘因與懲罰。

比方說，我們可以創造誘因給社群媒體和新聞媒體，根據某個新聞媒體的閱聽群眾被帶往政治回聲室或更充分理解政治辯論的程度來給予獎懲，或是持續調查每家新聞媒體的忠實閱聽者，隨機挑選當日主題，觀察他們是否多少能說出意見不同方的論證。若閱聽者很難說出和自己意見不同方的觀點，新聞媒體公司就會失去獎勵，反之則獲得獎勵。如此將能遏制參與度演算法**的極化與孤島化[136]。

不過，我們一方面期待這些針對智識公地的大規模社會動員提供助力，另一方面也都必須從個人做起，建立自己的信任網絡。我們有多少唱反調型的朋友，可以提出合理論證，挑戰我們這群同溫層朋友覺得理所當然的立場？信任網絡不是想法相同的朋友組成的回聲室，我們需要和異於我們、但又能針對彼此差異眞誠對話的人建立連結。若你想在大量好壞資訊無差別混雜的世界裡掌握實在，或許就得主動尋找這類朋友與連結（我們也許可以爲本書讀者成立配對服務，幫助大家找到意見不同、但都熱衷於用三禧思維掌握實在的人）。

本章開頭重提了第三千禧年的挑戰：**由於人人都能獲取龐大資訊，以致我們做決定時不得不判斷需要考慮哪些事實、什麼時候可以倚靠自己、什麼時候應該請教專家、哪些專家（在哪些議題上面）值得信任，還有什麼時候需要睿智的指導，幫助我們化解價值衝突**。因爲這些挑戰，所以我們需要三禧思維。但說得更精確一

＊編註：tragedy of the commons，由經濟學家哈丁（Garrett Hardin）提出的概念，假設有一片「公地」，即任何人都可以使用的共同資源，每個牧羊人都可以讓羊群在上面吃草，但若每個人都只考慮到自己的利益，讓自家羊群吃得更多，草地就會過度消耗，最終遭到破壞，讓所有牧羊人都無法再使用。

＊＊編註：algorithm of engagement，在數位平台或社交媒體上，根據用戶的互動行爲來推薦或調整內容的演算法，目的是提高用戶使用平台的時間。

點，難題不只出在有太多資訊需要篩選，還出在有太多自稱完整正確的資訊來源。因此，我們需要三禧思維工具的幫助，來建立有效的信任關係，進而建立由可信來源（從個人、專家、機構到網站）組成的網絡，最終養成評估對立主張可信度的能力。

比起篩選，這個過程更像是建構與打造。我們辨別出哪些文章可信，不是因爲我們偏好的政治或文化群體相信這些文章（且另一方不相信），而是因爲和我們意見不同、但懂得自我質疑的人也相信這些文章。我們對實在的理解就建基於此。

一旦我們能在這些發展所打下的最佳基礎上往前邁進，未來迎接我們的（也是我們想藉由三禧思維強調與培養的）就不會僅僅是舊的啓蒙運動再次興起，而可能是眞正全新的新千禧年啓蒙運動。

我們希望讀者懷著戒愼又興奮的感覺闔上本書，心裡明白藉由集體行動，我們或許能運用新的協作方式解決問題、把握機會，從小問題到全球大議題無不如此。我們不必靠著相信一個全球共榮的烏托邦世界而有動力這樣做，因爲我們馬上就能獲益無窮，但或許有些人會爲這個宏偉目標感到興奮，躍躍欲試。我們有三禧思維工具、有動機，還有合理的科學樂觀心態能讓第三千禧年成爲全球人類大家庭攜手共進的新千年。

未來幾十年，我們面臨艱鉅的挑戰。但別忘了過去二十年只占新千禧年的百分之二，還有百分之九十八等著我們去創造。

致謝

能夠完成本書，我們要感謝許多人的貢獻。首先是醞釀期（九個多月！）我們在大學相關課程遇到的學生，再來是認真負責又滿懷創意的助教，大學生和研究生都有，以及博士後研究員與顧問。不論是確認構想與主題、如何教導這些內容和評估成果，他們都積極參與。這門課（目前）一共上過九次，我們許多教課者都樂在其中。少了他們充滿創意的貢獻，這門課絕不會那麼精采。礙於篇幅，無法逐一細數夥伴們的重要付出，但我們至少想在此由衷感謝以下諸位：Adhiraj Ahuja、Ingrid Altunin、Shrihan Argawal、Sophia Baginski、Kasia Baranek、Kristin Barker、Jennifer Barnes、Grant Belsterling、Kelly Billings、Colette Brown、Micah Brush、Jasmine Casey、Paul Christiano、Ethan Chiang、Giana Cirolia、Andrew Critch、Matthew Davis、Brian Delahunty、Ada Do、Moulay Draidia、Katherine Eddinger、Amy Fingerle、Drey Gerger、Tom Gilbert、Leah Gulyas、Nora Harhen、Chad Harper、Quian He、Jacob Heisler、Andrea Hengaertner、Rachel Hood、Rebecca Hu、Christina Ismailos、Kristen Isom、Colin Jacobs、Amisha Jain、Rachel

Jansen、Darren Kahan、Louis Kang、Dan Keys、Namrata Khantamneini、Tarah Kirnan、Hannah Laqueur、Alyssa Li、Guang-Chen Li、Emily Liquin、Hui-Chen (Betty) Liu、Ana Lyons、Nina Maryn）、Smriti Mehta、Dylan Moore、Nikolai Oh、Gufran Pathan、Antonia Peacocke、Jonathan Pober、Keven Quach、Radhika Rawat、Erin Redwing、Jem Ruf、Trevor Schnack、Vincent Sheu、Riordon Smith、Sophia Steffens、Bethany Suter、Aaron Szasz、Kaitlan Tseng、Bridget Vaughan、Dax Vivid、Sophie Wiener、Liz Wildenhain、Daniel Wilkenfeld、Alice Zhang、Ted Zhang、Rebecca Zhu 和 Zachary Zimmerman。還要感謝上過這門課的大學生，謝謝這九個班級的學生讓我們學到了很多。

其中，Aditya Ranganathan、Winston Yin 和 Gabriel Perko-Engel 特別值得一提。他們先後帶領我們的學生教學團隊，協調教材開發，爲課程和本書貢獻了細心推敲的內容，還有熱情。S. Emlen Metz 博士是我們設定學習目標與評鑑材料的主要推力，也是領頭羊與思考夥伴，帶領我們梳理課程內容，轉化成適合不同媒體與閱聽大眾的材料。Alicia Alonzo 教授是傑出的科學教育家，最初便是她帶我們接觸這套嚴謹可測試的教學法，而我們早期在梳理課程與評鑑技巧時，也大大得力於她的協助。麥考恩換單位後，我們也有幾年和認知科學教授 Tania Lambrozo、心理學教授

Alison Gopnik 及公共政策與政治學教授 Amy Lerman 做過精采的聯合教學。他們先後接替麥考恩負責社會學的部分，爲課程帶來新鮮的想法與刺激。Johann Frick 接替負責哲學的坎貝爾那年，也做出了出色的貢獻。本書只記載到目前，但我們期待續集會更精采！

Will Lippincott 是經紀人也是思想家，爲我們提供了堅強的指引與鼓勵。多虧了 Nicole Pagano，否則本書可能到現在還沒誕生。她不僅協調我們合作，而且讀到書裡每個新想法，她的反應總是智慧、圓滑且熱情。Lisa Kaufman 閱讀了初期書稿，並且就如何讓本書更好讀、好懂提供了可貴的意見。Eric Engles 幫我們將課堂講稿整理得更易讀，而我們也要感謝 Rob Vishny、Steve Kaplan 和晨星公司的 Jeffrey Ptak，協助我們處理共同基金經理人的圖表與引用資料。謝謝 Little, Brown Spark 出版人兼主編 Tracy Behar 領導的出色團隊，她不僅充分理解本書的願景，也是書能問世的關鍵推手。另外，Alix Schwartz 提供的幕後貢獻特別重要。他在加州大學柏克萊分校創設與主持「大構想」學程，不僅鼓勵我們發展這套特別的課程理念，也爲我們撰寫本書提供了概念與實務上的支持。Gordon 和 Betty Moore 夫婦基金會資助了本書大部分研究，而 Janet Coffey 爲本書內容與教學法提供的專業知識與指導，不下於她負責的資助基金。Karen 和 Frank Dabby 夫婦一直是想法周全的資助者。最近幾年，我們的課程大大獲益於 Mark Rosenthal 的公益贊助。

最後，三位作者還要感謝以各種角色參與本書的家人、朋友與導師。書裡許多概念，珀爾馬特都是從 Rich Muller、Bob Cahn 和他自己的父親 Daniel Perlmutter 那裡得知或討論來的。珀爾馬特的母親 Felice (Faigie) Perlmutter 一定會在書裡認出她自己那套與人合作的溫暖方法。珀爾馬特幾乎所有想法（與句子）都會徵詢妻子 Laura Nelson 的意見。女兒 Noa Perlmutter 則是協助編輯，並設計了所有章節標題圖案。坎貝爾要感謝 Cassandra Chen、Antonia Peacocke、Niko Kolodny、Tim Crockett 和他自己的兒子 Roy，謝謝他們用不同方式提供了協助。麥考恩要感謝父親 Malcolm MacCoun 和已故的愛妻 Lori Dair。黛兒三十五年來一直是他的支柱與智慧的源泉，但不幸於二〇二一年因肌萎縮側索硬化症而過世。他要感謝女兒 Audrey 和 Maddie 照顧黛兒，並於二〇二二至二三年照顧他對抗癌症。

我們衷心期盼未來人們能相互傾聽、提出想法、一起創造事物並樂在其中。這其間，我們不能不提到藉由分享音樂豐富我們生命的人。我們之中有些夥伴演奏過室內樂或管絃樂，有些夥伴是爵士樂團成員。集體創作音樂的樂趣與技巧，是本書精神的深層來源。

注釋

引言

1　這門大學部課程名為「理性與感性與科學（Sense and Sensibility and Science）」，需要課程教材的老師或學生可以到 sensesensibilityscience.berkeley.edu 下載。高中版課程為「給所有人的科學思考工具箱（Scientific Thinking for All: A Toolkit）」，由諾貝爾基金會推廣部開發推廣，詳見 https://www.nobelprize.org/scientific-thinking-for-all/。

2　〈疫情讓民眾對科學的信任大幅下滑〉，國民意向研究中心（National Opinion Research Center），二〇二三年六月十五日。但我們發現民眾對科學的信任依然遙遙領先其他專業。民眾對其他專業的信任往往下滑得更快。

3　本書所說的「科學」是什麼意思？維基百科定義「科學是一套嚴謹的系統化工程，藉由提出可測試的解釋與預測來建構和組織關於宇宙的知識」。這個定義大致符合我們所講的科學，若是再加上韋氏字典的定義做補充，那就更完美了：科學是「涵蓋普遍真理與普遍定律的知識或知識體系，尤其是經由科學方法取得與驗證過的知識」。

第一章　決定、決定、決定

4　對於知識菁英制的詳細討論，見 Estlund, David M. (2009), *Democratic authority,* Princeton University Press。亦可見Brennan, Jason (2016), *Against democracy,* Princeton University Press（譯註：中譯本為布倫南《反民主》，聯經 2018）。

第二章　器具與實在

5　值得一提的是，這類室內空氣品質影響認知表現的研究很難做好，用來測量受試者實際呼吸的空氣品質與可能受影響的認知能力的技巧也很多種。此外，認知能力下降也可能是密閉房間內累積了其他種類污染物所造成，二氧化碳含量只是這些污染物的間接指標。相關議題討論，見 Du, B., Tandoc, M. C., Mack, M. L., & Siegel, J. A. (2020), Indoor CO2 concentrations and cognitive function: A critical review, *Indoor Air, 30*:1067-1082; and the recent review of Fana, Y., Caoa, X., Zhang, J., Laid, D., & Panga, L. (2023), Short-term exposure to indoor carbon dioxide and cognitive task performance: A systematic review and metaanalysis, *Building and Environment, 237*, 110331.

6 Ronchi, V. (1967.) 有關光學早期發展對科學與哲學的影響，參見 E. McMullin (Ed.), *Galileo: Man of science.* Basic Books, 195-206.

7 Heyerdahl, T. (2013). *Kon Tiki*. Simon & Schuster. 有關用木筏與金字塔來比喻人類知識，參見 Sosa, E. (1980), The raft and the pyramid, *Midwest Studies in Philosophy, 5*, 3-26.

第三章 讓事情發生

8 實際的相關性有一點難釐清，而且有一些有爭議的跡象表明，攝取少量酒精飲料對某些人反而效果相反，參見 Godos, J., Giampieri, F., Chisari, E., Micek, A., Paladino, N., Forbes Hernández, T. Y., Quiles, J. L., Battino, M., La Vignera, S., Musumeci, G., & Grosso, G. (2022). Alcohol consumption, bone mineral density, and risk of osteoporotic fractures: A doseresponse metaanalysis. *International Journal of Environmental Research and Public Health, 19*(3), 1515.

9 Pouresmaeili, F., Kamalidehghan, B., Kamarehei, M., & Goh, Y. M. (2018). A comprehensive overview on osteoporosis and its risk factors. *Therapeutics and Clinical Risk Management, 14,* 2029-2049.

10 Sober, E. (2001). Venetian sea levels, British bread prices and the principle of the common cause. *British Journal for the Philosophy of Science, 52,* 331-346.

11 「偽相關」網站用「偽」來稱呼兩個變數的相關完全**沒有**因果網絡支撐，亦即純屬巧合的情況。不過，你會發現「偽相關」一詞常用來指稱兩個變數由同一個原因造成的情況，也就是我們稱為的模型 D。

12 接下來的討論，我們大量借鑑了珀爾（Judea Pearl）的因果理論，以及統計學家魯賓（Donald Rubin）與哲學家伍華德（James Woodward）的論述。想簡單了解珀爾的理論，可參考他二〇二〇年出版的《因果革命（*The Book of Why: The New Science of Cause and Effect*）》（Basic Books，繁體中文版：行路出版社）。更完整嚴謹的論證則可參考他二〇〇九年出版的《因果論（*Causality*）》（再版：Cambridge University Press）。魯賓的論述參見 Imbens, G. W., & Rubin, D. B. (2015), *Causal inference for statistics, social, & biomedical sciences: An introduction,* Cambridge University Press。伍華德對干預的哲學討論則見他二〇一六年為史丹佛哲學百科所寫的「因果與可操控性」條目：https://plato.stanford.edu/ENTRIES/causation-mani/。

13 請注意，「隨機分派（random assignment）」有兩個特點。首先，某些乍看毫無資訊內容、似乎純粹為研究添加隨機性的變數，其實讓研究**更有**內容。其次，隨機分派和「隨機選取（random selection）」名稱相近，但不相同。隨機選取是讓抽樣結果可以推論到母體的重要方法，但不是確定因果關係的方法，兩者目標不同。

14 例如，掃瑟姆醫師（Dr. Chester M. Southam）於一九六〇年代進行過數次實驗，將病毒或癌細胞注入沒有足夠能力同意或拒絕參與研究的受試者體內，Plumb, R. K. (1964, March 22)。科學家對癌症試驗看法不一，有些科學家支持人體試驗，但建議做法要更謹慎，*The New York Times, 53*。

15 Hill, A. B. (1965). The environment and disease: association or causation? *Proceedings of the Royal Society of Medicine, 58* (5): 295-300.

16 實際應用時，這類非實驗證據可以使用之前提到的珀爾或魯賓的因果框架來評估，幫助研究者釐清哪些可能原因可以根據數據排除，哪些因果解釋仍有可能成立。

第四章　投奔機率思考

17 https://www.usgs.gov/faqs/what-probability-earthquake-will-occur-los-angeles-area-san-francisco-bay-area?qt-news_science_products=0#qt-news_science_products，搜尋日期二〇二一年十一月二十一日。

18 此話出自塔雷伯的《隨機騙局（*Fooled by randomness*）》一書，前一句是「蘇格蘭哲學家休謨用一段話（後來被彌爾改寫成如今知名的黑天鵝問題）點出了這個議題」。

19 Reddy, V. (2007). Getting back to the rough ground: deception and "social living." *Philosophical Transactions of the Royal Society, London, B: Biological Science, 362*(1480): 621-637.

20 提出發現磁單極子的證據的論文是Price, P. B., Shirk, E. K., Osborne, W. Z., & Pinsky, L.S. (1975), Evidence for detection of a moving magnetic monopole, *Physical Review Letters, 35,* 487。提出科學家已經改變主意的論文是 Price, P. B., Shirk, E. K., Osborne, W. Z., & Pinsky, L. S. (1978), Further measurements and reassessment of the magnetic-monopole candidate, *Physical Review D, 18,* 1382。

第五章　過度自信與謙卑

21 車諾比核電廠和挑戰者號爆炸事件的討論，請見 Freudenburg, W. R. (1988), Perceived risk, real risk: Social science and the art of probabilistic risk assessment, *Science, 242,* 44-49.

22 二〇一二年一項研究調查了兩千多起科學論文撤回事件，發現因錯誤而撤回的比例不到四分之一，三分之二來自行為不當：Fang, F. C., Steen, R. G., & Casadevall, A., (2012), Misconduct accounts for the majority of retracted scientific publications, Proceedings of the National Academy of

Sciences, USA, 109, 17028-17033（有趣的是，這項研究的作者後來發表了一篇訂正，因為報告裡的某張附表出了不只一個錯）。這項研究或許會給人一種感覺，在科學裡行為不當比錯誤常見得多，但真相自然相反。事實上，其他研究顯示專家有時會拒絕認錯。就算認錯，也往往會對錯誤和錯誤造成的危害輕描淡寫（參見 Tetlock, P. E. [2006]. *Expert political judgment: How good is it? How can we know?* Princeton University Press）。

23 Asness, C., et al. [23 authors] (2010, Nov. 15). Open letter to Ben Bernanke. *The Wall Street Journal*. Carey, D., & Willmer, S. (2014, Oct. 10). Fed naysayers warning of inflation say they 're still right. *Bloomberg.*

24 Krugman, P. (2022, Jan. 21). Honey, I shrank the economy 's capacity. *The New York Times.*

25 Leary, M. R., (2018), *The psychology of intellectual humility,* John Templeton Foundation. https://www.templeton.org/wp-content/uploads/2020/08/JTF_Intellectual_Humility_final.pdf

26 Rohrer, J. M., Tierney, W., Uhlmann, E. L., DeBruine, L. M., Heyman, T., et al. Putting the self in self-correction: Findings from the Loss-of-Confidence Project. *Perspectives on Psychological Science, 16*: 1255-1269.

27 這個方法由寇里亞特、利希登斯坦和費許霍夫設計，參見三人合寫的 Koriat, A., Lichtenstein, S., & Fischhoff, B. (1980), Reasons for confidence, *Journal of Experimental Psychology: Human Learning and Memory, 6,* 107-118。在此提醒一點：嚴格說來，這個方法可能誇大了過度自信的效應，但其他（更複雜的）方法顯示效應確實存在。

28 對於這種「二擇一強迫選擇（2-alternative forced choice）」任務的經典校正模式，有研究人員提出其他解釋，參見 Koriat, A. (2012) , The self-consistency model of subjective confidence, *Psychological Review, 119*, 80-113。不過，許多其他程序都普遍發現了過度自信效應。

29 第四章提到「誤差線」的概念，信賴區間是其中一種表達方式。

30 Deaves, R., Lüders, E., & Schröeder, M. (2010). The dynamics of overconfidence: Evidence from stock market forecasters. *Journal of Economic Behavior & Organization, 75,* 402-412.

31 Tetlock, P. E. (2006). *Expert political judgment: How good is it? How can we know?* Princeton University Press.

32 Birge, R. T. (1941). The general physical constants: As of August 1941 with details on the velocity of light only. *Reports on Progress in Physics, 8,* 90-135.

33 Henrion, M., & Fischhoff, B. (1986). Assessing uncertainty in physical constants. *American Journal of Physics, 54,* 791-798.

34 Murphy, A. H., & Winkler, R. L. (1977). Reliability of subjective probability forecasts of precipitation and temperature. *Journal of the Royal Statistical Society,* Series C (Applied Statistics), 26, 41-47. 值得一提的是，一項研究發現，雖然賭場發牌員可能擁有類似氣象學家的優勢，但他們判斷二十一點的選擇時，校正並沒有做得比外行人好。參見 Wagenaar, W., & Keren, G. B. (1985). Calibration of probability assessments by professional blackjack dealers, statistical experts, and lay people. *Organizational Behavior and Human Decision Processes, 36,* 406-416.

35 Wakeman, N. (2011, Feb. 11). IBM's 'Jeopardy!' match more than game playing. *Washington Technology*. https://washingtontechnology.com/articles/2011/02/10/ibm-watson-data-uses.aspx. 其實，新分析顯示華森也有些過度自信，而非校正完美。不論如何，華森提供意見仍然比人類參賽者謹慎。

36 Wells, G. L., Lindsay, R. C. L., & Ferguson, T. J. (1979). Accuracy, confidence, and juror perceptions in eyewitness identification. *Journal of Applied Psychology, 64,* 440-448.

37 Tenney, E. R., MacCoun, R. J., Spellman, B. A., & Hastie, R. (2007). Calibration trumps confidence as a basis for witness credibility. *Psychological Science, 18,* 46-50. Tenney, E. R., Spellman, B. A., & MacCoun, R. J. (2008). The benefits of knowing what you know (and what you don't): Fact-finders rely on others who are well calibrated. *Journal of Experimental Social Psychology, 44,* 1368-1375.

38 Sah, S., Moore, D., & MacCoun, R. (2013). Cheap talk and credibility: The consequences of confidence and accuracy on advisor credibility and persuasiveness. *Organizational Behavior and Human Decision Processes, 121,* 246-255.

39 www.theguardian.com/books/2015/jul/18/daniel-kahneman-books-interview.

第六章　在雜訊裡找訊號

40 全球地表平均溫度數據與圖表來自 Rohde, R. A., & Hausfather, Z., (2020). The Berkeley Earth Land/Ocean Temperature Record, *Earth System Science Data, 12,* 3469-3479.

41 格陵蘭冰芯數據取自 Vinther, B.M., Buchardt, S. L., Clausen, H. B., Dahl-Jensen, D., Johnsen, S. J., et al. (2009), Holocene thinning of the Greenland ice sheet, *Nature, 461,* 385-388.

42 見 Rohde R., Muller R. A., Jacobsen, R., Muller, E., Perlmutter S., et al. (2013). A new estimate of the average earth surface land temperature spanning 1753 to 2011, *Geoinformatics & Geostatistics: An Overview, 1.*

43 值得一提的是，訊號與雜訊這組概念和我們稍早談過的因果概念有什麼關係。當我們想確定什麼是因，什麼是果，就須分離出原因變數，才能清楚看見它造成結果發生的訊號。其他變數造成的現象都是雜訊，因為和我們想找的關係無關，只是存在於系統中，往往害我們很難分辨原因變數的影響（也就是訊號）。

第七章　看見不在的東西

44 圖表改繪自以下報告裡的研究發現圖："Latest Results from ATLAS Higgs Search," 4 July 2012, by the ATLAS Collaboration, atlas.cern/updates/press-statement/latest-results-atlas-higgs-search.

45 圖表改繪自以下報告中的研究發現圖："CMS Higgs Seminar: Images and plots from the CMS Statement," 4 July 2012, by the CMS Collaboration, cds.cern.ch/record /1459463.

46 不難想見，這些年來一直有人重新檢視基金經理人的好表現是否穩定的問題。最近一項分析再度指出你最好別把錢押在他們身上：Choi, J. J., & Zhao, K. (2021), Carhart (1997) mutual fund performance persistence disappears out of sample, *Critical Finance Review, 10,* 263-270. cfr.pub.

47 Hodis, H. N., & Mack, W. J., (2013), The timing hypothesis and hormone replacement therapy: A paradigm shift in the primary prevention of coronary heart disease in women. Part 1: comparison of therapeutic efficacy, *Journal of the American Geriatrics Society, 61,* 1005-1010; Hochberg, Y., & Westfall, P. H. (2000), On some multiplicity problems and multiple comparison procedures in biostatistics, in P. K. Sen & C. R. Rao (Eds.), *Handbook of statistics, vol. 18,* Elsevier Science, pp. 81-82.

48 這時你可能會想，是不是蒐集愈多資料愈好？假如你想用一個資料集尋找多個可能的因果因素（也就是你的研究變項），我們剛才提到，你得先決定研究哪些變項（而不是邊研究邊加），研究變項愈多，就需要愈多資料才能抵銷「也找找」效應。但我們更之前就提到，你看的資料愈多，就愈可能在雜訊裡見到狀似「訊號」的模式。所以，多蒐集資料到底是好是壞？要是你發現某種模式，是你原本沒想到的，這時你該直接不理會嗎？譬如研究人員發現他們研究的藥物對某種疾病有療效，但該疾病並非藥物原本設定的治療目標，這時該怎麼做？
正是這些問題，讓我們必須從機率的角度更深入、更量化思考自己對訊號和雜訊的理解。首先，當我們在雜訊裡尋找訊號，其實是在比較兩樣東西，一是我們在資料裡見到狀似訊號的模式的頻率，二是我們預期在資料裡見到狀似訊號，但其實只是雜訊裡偶爾冒出的假模式的頻率。因此，蒐集更多資料的好處就是你愈來愈能預測假模式出現的頻率，然後跟資料裡見到真模式加假模式的頻率相比，進而得知我們只是見到雜訊的機率——反過來說，也就是雜訊裡出現真正訊號的機率。基本上，這就是絕大多數統計方法幫我們做的事。

假設你確實見到了原本沒打算尋找的訊號（例如某個因果關係）的證據，這只代表你設定的過濾條件比你想要的寬得多，才會讓有些雜訊沒有過濾掉，結果就是空包彈出現的比例遠高於真訊號，你見到假模式的機率比見到真訊號高。若想調整機率，讓它回復到比較好的水準，就得再蒐集更多資料。這部分同樣可以靠統計學幫忙。

49 儀器使用會直接影響我們在雜訊裡尋找訊號。儀器通常用來放大或增強自然界裡的事物，好讓我們有限的感官能力可以觀察到這些事物。但只要缺乏過濾裝置，儀器完全不會區別訊號與雜訊，一律放大增強。因此，除非你先知道訊號的可能樣態、雜訊如何過濾，否則使用儀器不一定能幫上忙。有些儀器就是用來提供我們過濾的選項。

第八章　左右爲難：兩種錯誤

50 參見 MacCoun, R. J. (2024.) Standards of proof: Theory and evidence. In R. Hollander-Blumhoff (Ed.), *Research handbook in law and psychology*. Elgar.

51 最佳閾值（門檻）稱作 p*，基本上應該以此公式計算：（對假陽性的反感）除以（對假陽性的反感＋對假陰性的反感），其中反感值為零（對這個錯誤無感）到一百（極度反感）。

52 若其他條件相同，這句話就相當於 $p^* = 10 / (10+1) = 0.91$。

53 就算發現新基本粒子的存在證據，但在仍有不確定性的前提下，你依然必須做出價值判斷，決定要不要公布結果，因為要是結果不正確，可能會害大批理論科學家白忙一場。

54 當然，現實世界裡大學不會來者不拒，讓所有申請者入學一年，再看結果如何。這樣做既不實際（多數學校可含納的學生人數都有極限）又很殘忍（許多入學者都會被當）。因此，現實世界裡的大學很少有機會見到圖中呈現的全貌，只能靠其他資訊（例如被拒絕的學生後來進到其他學校的學業表現）來推斷。

55 Kliff, S., & Bhatia, A. (2022, Jan. 1). When they warn of rare disorders, these prenatal tests are usually wrong. *The New York Times*.

56 貝氏定理（Bayes Theorem）又名貝氏法則（Bayes Rule），本書許多主題都與它有關。貝氏定理告訴我們，若想知道某一陳述為真的機率多少，除了新的相關資料，我們還必須知道自己之前認為該陳述為真的機率多少——因為我們通常對該陳述為真的機率已經先有一些概念了！貝氏定理（其實就是個公式）可以精確告訴我們，取得新資料後，該陳述為真的機率會是多少。網路上可以找到不少版本的貝氏定理，但基本上都是同一個公式：之前對該陳述為真的機率的最佳估計值，乘上該陳述為真時會見到新資料的機率，除以不論該陳述為真或為假都會見到新資料的機率。

值得一提的是，不少研究顯示，人不一定會按貝氏定理調整自己的機率推算值。你可能會想「對，我確實不會，因為我從來沒見過這個公式」。但我們的大腦顯然有能力進行貝氏運算。有證據顯示，連蜜蜂那麼小的腦，都能推算「貝氏最佳覓食策略」，而人類面對某些任務進行推論時，也很接近貝氏運算。但我們有時也會使用貝氏定理以外的探索或推理策略，可能因為這些策略的好處（例如速度、簡便或容易溝通）勝過預測準確的好處。

在 YouTube 可以找到許多介紹貝氏定理的影片。想全面了解貝氏思維，有一本很好讀的入門書：Sharon Bertsch McGrayne 's *The theory that would not die: How Bayes ' rule cracked the Enigma code, hunted down Russian submarines, & emerged triumphant from two centuries of controversy* (Yale University Press, 2011).

第九章　統計與系統不確定性

57　任何雜訊來源都可能是統計不確定或系統不確定，端視量測性質而定。例如你不只用了家裡那台不準的體重計，還用其他（有些很準、有些不準的）體重計量體重，那麼你家那台體重計可能會導致統計不確定。當你只用那台體重計反覆量體重，就可能造成系統不確定。

58　圖中的飛鏢取自 vecteezy.com/free-vector/dart；鏢靶改繪自 vecteezy.com/free-vector/dart-board。

59　就詞源來說，統計學家替這兩種不確定取的名字可能是最武斷的，因為他們用「更準確」來稱呼「系統不確定較少」，用「更精確」來稱呼「統計不確定較少」。

60　更糟的是，就如我們在第七章見到的，連應該比較好處理的隨機偏誤也可能欺騙我們，讓我們以為自己見到了模式。

61　想壓低統計不確定，樣本數就必須在數學上取決於你想要的信賴區間和可接受的偏誤程度。例如在人口二十萬的城市裡，想知道多少人會投票給某位市長候選人，就需要民調兩千四百人，才能獲得九五％的信心水準，實際人數應該會在民調結果的正負二％以內。

第十章　科學樂觀心態

62　實驗者測量人類認真思考所耗的能量，雖然乍看只比大腦一般運作高一些，但大腦非常耗能，即使放鬆也占人體總能耗的五分之一左右，因此就算小幅增加也很可觀。此外還有一種可能，就是認真思考往往是在壓力情境下（例如學校考試），我們感受到的額外費力可能來自壓力反應所耗費的能量。

63 和珀爾馬特一樣高中和大學都選修物理的讀者可能不多，但這些讀者應該都有過這種經驗：原本你習慣幾分鐘就能解出高中物理習題，進了大學卻發現大學物理習題可能需要反覆思考好幾小時才能解開。而你要是不曉得自己最後能解開，往往會太快放手，還沒發現自己其實解得開就放棄了。

64 這種科學傳統通常藉由科學家代代相傳，例如珀爾馬特是從他的指導教授穆勒那裡學到的，而穆勒教授又是從他的指導教授，諾貝爾獎得主阿爾瓦雷茲那裡學到的。我們還應該了解一下，是誰把事在人為的精神教給阿爾瓦雷茲的？或許是他的指導教授康普頓（Arthur Compton），此人也是諾貝爾獎得主。當然，我們希望更多人學會這個傳統，無論是不是科學家！

65 資助單位也得了解這一點，這種精神才能發揮作用。資助科學研究的公部門聽見了嗎？

第十一章　階次理解與費米問題

66 就連英文「cooking with gas（火力全開）」的說法也看得到科學進步。這個俚語源自一九三〇年代末的喜劇流行語，因為當時瓦斯爐正在取代比較慢熱的柴火爐。廣播喜劇節目那麼愛用這個俚語，天然氣業者肯定開心極了。

67 物理學科有許多術語來自數學，「問題的一階理解」也不例外。學過微積分的讀者，可能知道這個術語和泰勒級數展開式有關。
基本概念是這樣的：若想從某一點 x 逼近任一函數，方法是先以靠近 x 的 a 點得出函數值 f(a)，再加上一階導數 f '(a) 乘以兩者距離 (x-a)，再加上二階導數乘以該距離平方，依此類推，最後得出的級數就會逼近那個函數。因此，一階逼近表示你只使用第一項和一階導數做逼近，二階逼近則是多使用一項，三階逼近再多使用一項。慢慢慢慢，如此得出的結果就會愈來愈接近你想逼近的函數。
因此，對於某一件事，我們提出的一階解釋只涉及最明顯的因果關係，亦即真正讓此事發生的因素。二階解釋涉及此事發生的一些細微或例外之處，或是對一階逼近的細部補充，三階解釋則是對二階解釋的小幅修改，依此類推。人類有時會刻意忽略一階解釋，這是有道理的，例如縱火調查員不會報告說房屋起火的主因是氧氣。有時為了強調這類原因太明顯、太基本，我們會稱之為「零階解釋」。

68 失眠的例子還點出一件事，那就是影響某一現象的低階和高階因素可能會隨環境而易。例如，假設現在有一隻獅子在你臥房外徘徊，牠可能馬上就成為你保持清醒的一階因素。

69 政策分析家稱這類迅速推估為「信封背面的計算（back-of-the-envelope calculation, BOTEC）」，也就是粗估。

70 想找更多例子練習，或想知道更多關於費米推估的討論，坊間有不少相關書籍，其中有兩本可以參考：*Guesstimation: Solving the world 's problems on the back of a cocktail napkin,* by Lawrence Weinstein and John A. Adam (Princeton University Press, 2009)、*Maths on the back of an envelope: Clever ways to (roughly) calculate anything, by Rob Eastaway* (HarperCollins, 2019).

第十二章 從經驗學習爲何那麼難

71 見 See McDaniel, M. A., Schmidt, F. L., & Hunter, J. E. (1988). Job experience correlates of job performance. *Journal of Applied Psychology*, 73, 327-330，以及 Dokko, G., Wilk, S. L, & Rothbard, N. P. (2008). Unpacking prior experience: How career history affects job performance. *Organization Science, 20,* 51-68.

72 關於這個主題，更詳盡的討論請見 MacCoun, R. J., (1998), Biases in the interpretation and use of research evidence, *Annual Review of Psychology, 49,* 259-287.

73 https://en.wikipedia.org/wiki/List_of_cognitive_biases.

74 Gigerenzer, G., & Goldstein, D. G. (2011). The recognition heuristic: A decade of research. *Judgment and Decision Making, 6,* 100-121.

75 不過，蘇斯博士（Dr. Seuss）講到字母 X 時倒是很接近這種說法：「假如你叫尼克西・諾克斯（Nixie Knox），X 就要常常放身邊，拼寫斧頭（ax）和另一隻狐狸（fox）也方便。」

76 Lichtenstein, S., Slovic, P., Fischhoff, B., Layman, M., & Combs, B. (1978). Judged frequency of lethal events. *Journal of Experimental Psychology: Human Learning and Memory, 4,* 551-578.

77 Bailis, D. S., & MacCoun, R. J. (1996). Estimating liability risks with the media as your guide: A content analysis of media coverage of civil litigation. *Law and Human Behavior, 20,* 419-429.

78 參見 Ellman, I. M., Braver, S., & MacCoun, R. J. (2009). Intuitive lawmaking: The example of child support. *Journal of Empirical Legal Studies, 6,* 69-109.

79 Fischhoff, B. (1975). Hindsight is not equal to foresight: The effect of outcome knowledge on judgment under uncertainty. *Journal of Experimental Psychology: Human Perception and Performance, 1,* 288-299.

80 Tajfel, H., Flament, C., Billig, M. G., & Bundy, R. P. (1971). Social categorization and intergroup behavior. *European Journal of Social Psychology, 1,* 149-177.

81 「仇視迷因（antagonistic meme）刻意將有關風險或相關事實的對立立場與敵對方的身分畫上等號，從而將立場轉變為識別敵對群體身分與忠誠度的徽章」。Kahan, D. M., Jamieson, K. H., Landrum, A., & Winneg, K. (2017). Culturally antagonistic memes and the Zika virus: An experimental test. *Journal of Risk Research, 20,* 1-40.

82 MacCoun, R. (1993). Blaming others to a fault? *Chance, 6,* 18, 31-33.

83 參見 Ross, L. D. (1977). The intuitive psychologist and his shortcomings. In L. Berkowitz (Ed.), *Advances in Experimental Social Psychology* (vol. 10, pp. 174-220). Academic Press.

84 Menon, T., Morris, M. W., & Chiu, C. (1999). Culture and the construal of agency: Attribution to individual versus group dispositions. *Journal of Personality and Social Psychology, 76,* 701-717.

85 Merton, T. (1965). *The way of Chuang Tzu,* chapter 20, published by New Directions.

86 Lord, C. G., Lepper, M. R., & Preston, E. (1984). Considering the opposite: A corrective strategy for social judgment. *Journal of Personality and Social Psychology, 47,* 1231-1243.

第十三章　科學出差錯

87 朗謬爾一九五三年發表的這場演講後來由霍爾（Robert N. Hall）整理成逐字稿，編輯之後收錄於一九六六年通用電器實驗室（General Electric Laboratory）的一份報告中，隨即在科學社群大量複印與轉傳，多年後才正式出版：Langmuir, I., & Hall, R. N. (1989), Pathological science, *Physics Today, 42,* 36-48.

88 朗謬爾的定義顯然和本書第十四章提到的「確認偏誤」有關——確認偏誤必然造成一個結果：人們只有在證據似乎有違假設時，才會努力尋找證據的瑕疵。

89 Fanelli, D. (2009). How many scientists fabricate and falsify research? A systematic review and meta-analysis of survey data. *PLoS ONE, 4*: e5738.

90 奇怪的是，許多這類造假被發現的論文，作者都將自己之前發表的另一份科學研究的結果拍成照片放進論文裡，然後宣稱是這次研究的結果。當然，這是標準的道高一尺魔高一丈：科學家一旦學會揪出詐欺，就會有科學家發明更巧妙的詐欺手法，直到這套手法被人戳穿為止，如此糾纏不休。

91 英語裡有大量詞彙，教育程度高的人顯然是閱讀時學到的，但不曉得怎麼正確發音，所以就按字母讀音（以致發錯音），epitome（典型）就是一個例子。既然本書強調人有許多種欺騙自己的方式，就不能不提到許多人常發錯 misled（動詞 mislead 的過去式，意思是誤導）的音，將它讀作不存在的動詞 misle 的過去式（至於 misle 要讀作 mizz-le 或 my-zle 則不清楚）。有些專家談到這個現象時，甚至就用 misle 這個詞來指稱這類讀錯音的字。

92 Langone, J. (1988, Aug. 8). Science: The water that lost its memory. *Time.*

93 The Editors (1988). When to believe the unbelievable. *Nature, 333,* 787.

94 Maddox, J., Randi, J., & Stewart, W., (1988). "High-dilution" experiments a delusion. *Nature, 334,* 287-290.

95 Goldacre, B. (2007, Nov. 17). Benefits and risks of homoeopathy. *Lancet, 370,* 9600, pp. 1672-1673. 有一點必須一提：文中提到的「好處」全來自安慰劑效應。

96 Stolberg, M. (2006 Dec.). Inventing the randomized double-blind trial: The Nuremberg salt test of 1835. *Journal of the Royal Society of Medicine, 99* (12): 642-643.

97 然而，我們必須沉痛指出，德國在納粹執政之前就已經訂定了保護個體免受醫學實驗剝削的政策，而且是當時最先進的。這表示除了議定之外，監督結構也對預防科學濫用至關重要。

第十四章 確認偏誤與盲分析

98 Wason, P. C., & Johnson-Laird, P. N. (1972). *The psychology of reasoning: Structure and content*. Harvard University Press.

99 Edwards, K., & Smith, E. E. (1996). A disconfirmation bias in the evaluation of arguments. *Journal of Personality and Social Psychology, 7,* 5-24l.

100 好吧，如果你真的想知道，測量宇宙膨脹速度（即所謂的哈伯常數）是看宇宙中兩點之間距離有多遠。若兩點目前距離二十億公里，則兩點彼此分離的速度約是兩點相距十億英里的兩倍。因此，宇宙膨脹速度的單位是速度（公里／秒）每單位距離（即百萬秒差距，約為 31×1019 公里）。

101 參 見 Klein, J. R., & Roodman, A. (2005). Blind analysis in nuclear and particle physics. Annual Review of Nuclear and Particle Physics, 55, 141-163，以及 MacCoun, R., & Perlmutter, S. (2015). Hide results to seek the truth. *Nature, 526,* 187-189.

102 其他使用盲選或盲測的例子還包括教授批改的學生作業上只註明學號，沒有姓名，以及哈伯太空望遠鏡使用申請審核者不會知道申請者姓名。

103 參見 MacCoun, R. J. (2020). Blinding to remove biases in science and society，收錄於 R. Hertwig & C. Engel (Eds.), *Deliberate ignorance: Choosing not to know.* MIT Press.

104 Committee on Identifying the Needs of the Forensic Sciences Community (2009). *Strengthening forensic science in the United States: A path forward.* National Research Council, National Academies Press; President 's Council of Advisors on Science & Technology (2016). *Forensic science in criminal courts: Ensuring scientific validity of feature-comparison methods.* Report to the President, Executive Office of the President.

105 Dror,E.,Charlton,D.,&Péron,A.E.(2006). Contextual information renders experts vulnerable to making erroneous identifications. *Forensic Science International, 156,* 1, pp. 74-78.

106 比方說，凱薩醫療集團（Kaiser Permanente）就建議病人「諮詢下一位醫師之前，先將第一意見的紀錄傳給那位醫師」。https://healthy.kaiserpermanente.org/health-wellness/health-encyclopedia/he.getting-a-second-opinion.ug5094.

107 關於開放科學運動的概要，參見 Munafò, M. R., Nosek, B. A., Bishop, D. V. M., Button, K. S., Chambers, C. D., et al. (2017), A manifesto for reproducible science, *Nature Human Behaviour, 1,* 1-9， 以及 Jussim, L., Stevens, S. T., & Krosnick, J. A. (Eds.) (2022), *Research integrity in the behavioral sciences* (pp. 295-315), Oxford University Press.

108 早期實例可見 Latham, G. P., Erez, M., & Locke, E. A. (1988), Resolving scientific disputes by the joint design of crucial experiments by the antagonists: Application to the Erez-Latham dispute regarding participation in goal setting, *Journal of Applied Psychology, 73,* 753-772. 最近一個例子為 Melloni, L., et al., (2023), An adversarial collaboration protocol for testing contrasting predictions of global neuronal workspace and integrated information theory, *PLoS ONE, 18*: e0268577.

109 請注意，「徽章」一詞在此用法（是褒義詞）和本書其他地方非常不同，必須區分清楚。先前提到徽章是指人純粹為了宣傳自己對某個政黨或團體的支持而採取特定立場。

110 參見本書第五章注釋 26 引用的 Rohrer et al. (2021)，文中描述了「失去信心」計畫。

第十五章　群衆的智慧與瘋狂

111 關於去個性化，見 Postmes, T., & Spears, R. (1998), Deindividuation and antinormative behavior: A meta-analysis, *Psychological Bulletin, 123,* 238-259. 關於情緒感染，見 Herrando, C., & Constantinides, E. (2021), Emotional contagion: A brief overview and future directions, *Frontiers in Psychology, 12,* Article 712606.

112 一九九三年，麥考恩為蘭德公司（RAND）執行一項美國國防部專案時，就曾有機會使用幾個賈尼斯防止團體迷思的方法。美國國防部委託蘭德公司研議軍方是否應該解除出櫃同志從軍的禁令。這個話題在當時意見兩極，因此蘭德公司如履薄冰，希望證明自己沒有偏坦任何一方。經過幾天的內部簡報，檢視了所有蒐集到的證據之後，蘭德公司成立了數個小組，每個小組都包含軍方和非軍方研究人員，專長涵蓋法律、醫學、組織行為、社會心理學、經濟學和人類學等領域。各小組花一天時間檢視所有證據，討論證據是否支持解除同志從軍禁令有礙軍隊表現，結果所有小組都得出相同結論：不會。柯林頓總統事後聽取了相關簡報，但沒有解除禁令，而是採納了「不問就不說」的妥協方案。幾年後，蘭德公司再次成立小組，協助歐巴馬總統檢視這個問題，最終軍方解除了禁令，意外沒有激起什麼反彈，事後也沒有證據顯示軍隊表現因此受害。

113 參見 Laughlin, P. R. (2011). *Collective induction.* Princeton University Press.

114 想概略了解這套「社會決定基則（social decision scheme）」，請見 Stasser, G., Kerr, N. L., & Davis, J. H. (1989), Influence processes and consensus models in decision-making groups，收於 P. B. Paulus (Ed.), *Psychology of group influence* (pp. 279-326), Lawrence Erlbaum Associates。請注意，簡單多數決和真理勝出制（truth-wins process）都可算是團體影響力邏輯門檻模型（logistic threshold model）的特例，參見 MacCoun, R. J. (2012), The burden of social proof: Shared thresholds and social influence, *Psychological Review, 119,* 345-372.

115 嚴格說來，真理勝出制的「真理」兩字或許該加上引號，因為團體成員共有的概念系統不一定為團體外的人所接受。

116 Kerr, N., MacCoun, R. J., & Kramer, G. (1996). Bias in judgment: Comparing individuals and groups. *Psychological Review, 103,* 687-719.

117 佩吉（Scott Page）曾發表理論和實證分析佐證這一點。他在二〇〇七年出版的《差異：多元如何促成更好的團體、公司、學校與社會（*The difference: How the power of diversity creates better groups, firms, schools, and societies*）》（Princeton University Press）書裡有清楚易讀的簡介。

第十六章　縫合事實與價值

118 見 Hammond, K. R., & Adelman, L. (1976). Science, values, and human judgment. *Science, 194,* 389-396.

119 參見 MacCoun, R., Reuter, P., & Schelling, T. (1996). Assessing alternative drug control regimes. *Journal of Policy Analysis and Management, 15,* 1-23; and MacCoun, R., & Reuter, P. (2001). *Drug war heresies: Learning from other vices, times, and places.* Cambridge University Press.

120 Schwartz, S. H. (1992). Universals in the content and structure of values: Theoretical advances and empirical tests in 20 countries. *Advances in Experimental Social Psychology, 25,* 1-65. 類似的區別框架還有很多（包括施瓦茨本人後來的版本），但施瓦茨的原有框架似乎對調查資料做出了最好的統計描述。

121 Tetlock, P. E., Peterson, R. S., & Lerner, J. S. (1996). Revising the value pluralism model: Incorporating social content and context postulates. In C. Seligman, J. M. Olson, & M. P. Zanna, *The psychology of values: The Ontario symposium* (vol. 8). Lawrence Erlbaum Associates.

122 Steele, C. M. (1988). The psychology of self-affirmation: Sustaining the integrity of the self. *Advances in Experimental Social Psychology, 21,* 261-302.

123 Sherman, D. K. (2013). Self-affirmation: Understanding the effects. *Social Psychology and Personality Compass, 7,* 834-845.

124 這個名詞來自羅爾斯的《正義論》（Rawls, J., (1971), *A theory of justice*, Harvard University Press）。

125 Strawson, P. F. (1980). Review of Ryle, G., On thinking. *Mind 30,* 365-367.

第十七章　審議之難

126 關於這種渴望表現自己無所不知、對什麼事都有看法的衝動，以下論文提供了一個誇張的例子：Bishop, G., Oldendick, R., Tuchfarber, A., & Bennett, S. (1980), Pseudo-opinions on public affairs, *Public Opinion Quarterly, 44,* 198-209。作者畢夏普（George Bishop）及其研究夥伴進行民調，詢問民眾對「廢除一九七五年《公共事務法》」的看法，結果明明根本沒有這部法律，還是有三分之一受訪民眾表達了意見。

127 有關願景規畫，史瓦茲一九九六年出版的《遠見的藝術》應該是最佳入門書。至於較新的發展與變化，則經常見於《未來（*Futures*）》雜誌，包括二〇〇九年瓦魯姆（Celeste Varum）與梅洛（Carla Melo）的完整文獻回顧，以及阿梅（Muhammad Amer）等人二〇一三年的文獻回顧。

128 Tetlock, P. E., Mellers, B. A., Rohrbaugh, N., & Chen, E. (2014). Forecasting tournaments: Tools for increasing transparency and improving the quality of debate. *Current Directions in Psychological Science, 23,* 290.

129 公共編輯計畫始於珀爾馬特和亞當斯在柏克萊資料科學研究所（簡稱資料所）的一次談話。亞當斯當時正在研發讓群眾對文本做註解的外包技術與軟體。他成立了非營利的古得力實驗室，讓公共編輯計畫得以進行，並擔任主持人，和資料所的珀爾馬特合作推動這項計畫。目前公共編輯計畫網址為 publiceditor.io。

第十八章　在新千禧年重振信任

130 二十世紀末，一場名為後現代主義（post-modernism）的運動喚起了世人注意，提醒我們科學權威被人當成特洛伊木馬，偷偷促進有權有勢者的利益。但這場運動將科學家描繪成教條的盲目追隨者，所有教條是由無可爭辯的「事實」所組成，而「事實」則是經由數學以演繹法的證明機制串在一起。就我們所知，這種描述和科學家的親身體驗並不相符。科學家確實明白「證明」是邏輯與數學的骨幹，但他們經由慘痛的教訓得知，經驗科學是一張由觀察組成的網，而觀察是暫時且可能出錯的，因此總是在修正。到了二十一世紀初，後現代主義似乎已經走到了盡頭。但出乎我們意料之外，學院左派後現代主義是衰退了，另一種新型態的民粹右派後現代主義卻在學院外出現了。忽然間，無須堅實證據就能提出新的「事實」，任何相反主張都被斥為「假新聞」。儘管後現代主義者如果發現這一點，肯定會很沮喪，但民粹主義似乎恰恰體現了他們的主張：「客觀真理」被扔出了窗外，任何假設就只能靠集體意識形態來衡量。

對於這些發展，以及對公共論述與集體問題解決的傷害，我們有時很失望。但我們認為，民粹後現代主義終究不會比學院後現代主義更能長久，因為人終究渴望解決現實世界中的真實問題，而唯有靠著在可能出錯的證據與暫時假設裡辛苦尋覓，找到可複製的結果，才能為生活帶來具體的益處與改善。第三千禧年產生的科學工具與態度反對將科學視為壟斷「真理」的祭司，而是朝向去中心化的權威、積極事實查核和公民參與邁進。但這些工具如果只有學院科學家使用，就不可能落地生根，需要所有人投入，而這便是我們撰寫本書的原因。

131 這篇論文最早發表於一九七一年，後來經過多次更新，參見 Dunn, W. N. (Ed.) (1998). *The experimenting society: essays in honor of Donald T. Campbell,* published by Transaction Publishers.

132 我們提出「社群習慣」的概念，要大大感謝重量級科學社會學家莫頓（Robert K. Merton），他曾經闡述激發科學的四大規範（英文縮寫 CUDOS）：共有（communism），科學知識應當屬於所有人；普遍（universalism），真理必須由客觀判準認定；無私（disinterestedness），個人私利不應涉入科學研究；有條理的懷疑（organized skepticism），科學社群應當嚴格檢視所有科學主張。參見莫頓一九七三年由芝加哥大學出版社出版的《科學社會學（*The sociology of science: Theoretical and empirical investigations*）》。本書之前的章節（和許多探討科學實踐的社會學研究都）闡明了科學如何做到（或常常沒做到）這些規範。

133 參見艾瑟羅德《合作的進化（*The Evolution of Cooperation*）》（Basic Books, 1984）。支持或阻礙人類合作的機制很多，艾瑟羅德研究的只是其中一種。針對這個議題，更全面的回顧請見 Heinrich, J., & Muthukrishna, M. (2021), The origins and psychology of human cooperation, *Annual Review of Psychology, 72,* 207-240.

134 當然，合作決策有賴於參與者願意藉由討論解決問題，因為對立衝突有時會高到讓人感覺再也無法討論下去。當你向對手提議進行審議式民調，對手卻回以暴力，你又如何繼續？這裡的反思都是為了促成真正的集體決策，並避免原始衝突發生。

135 例如參見 Tomasello, M. (2009.) *Why we cooperate.* MIT Press。

136 在現實世界推動這類誘因乍看不大可能，實則不然。例如，歐盟數位服務法（Digital Services Act）已經定出一套主要線上平台的稽核機制，就能將我們建議的調查納入其中。放到大一點的脈絡來說，對於如何設計競標等程序以促進信實出價和誠實的資訊交流，行為經濟學家和賽局理論家都已經提出了許多洞見。相關綜述，請見 Haaland, I., Roth, C., Wohlfart, J. (2023), Designing information provision experiments, *Journal of Economic Literature 61,* 3-40.

Eurasian Publishing Group 圓神出版事業機構
先覺出版社 Prophet Press
www.booklife.com.tw reader@mail.eurasian.com.tw

人文思潮 179

三禧思維：亂世解決問題、活得更好的科學思考工具！

作　　者／索爾・珀爾馬特（Saul Perlmutter）、約翰・坎貝爾（John Campbell）、
　　　　　羅伯・麥考恩（Robert MacCoun）
譯　　者／賴盈滿
發 行 人／簡志忠
出 版 者／先覺出版股份有限公司
地　　址／臺北市南京東路四段50號6樓之1
電　　話／（02）2579-6600・2579-8800・2570-3939
傳　　真／（02）2579-0338・2577-3220・2570-3636
副 社 長／陳秋月
副總編輯／李宛蓁
責任編輯／李宛蓁
校　　對／劉珈盈・李宛蓁
美術編輯／林韋伶
行銷企畫／陳禹伶・黃惟儂
印務統籌／劉鳳剛・高榮祥
監　　印／高榮祥
排　　版／杜易蓉
經 銷 商／叩應股份有限公司
郵撥帳號／18707239
法律顧問／圓神出版事業機構法律顧問　蕭雄淋律師
印　　刷／祥峰印刷廠
2025年4月　初版

Third Millennium Thinking: Creating Sense in a World of Nonsense

定價 490 元　ISBN 978-986-134-528-4

不論我們有多拚搏，成功都不是全靠自己或只需要自己就能造就的。社會看中我們的才能是我們好運，不是必然。清楚感覺命運的偶然可以讓我們心懷謙卑，而這份謙卑是個起點。它能讓我們告別無情撕裂你我的成功思想，超越才德霸權，攜手走向更少怨憤、更多包容的公共生活。

——邁可．桑德爾，

《成功的反思：混亂世局中，我們必須重新學習的一堂課》

國家圖書館出版品預行編目資料

三禧思維：亂世解決問題、活得更好的科學思考工具！／索爾．珀爾馬特（Saul Perlmutter），約翰．坎貝爾（John Campbell），羅伯．麥考恩（Robert MacCoun）作；賴盈滿 譯. -- 初版 . -- 臺北市：先覺出版股份有限公司，2025.4
384 面；14.8×20.8 公分 --（人文思潮；179）
譯自：Third millennium thinking : creating sense in a world of nonsense.
ISBN 978-986-134-528-4（平裝）

1.CST：科學哲學　2.CST：思維方法

301　　114001700